本书为清华大学深圳国际研究生院社会治理与创新研究中心成果

生物入侵十日谈

赵亚辉
刘全儒
刘兵
——著

山东科学技术出版社
·济南·

图书在版编目（CIP）数据

生物入侵十日谈 / 赵亚辉，刘全儒，刘兵著 . -- 济南：山东科学技术出版社，2023.10
ISBN 978-7-5723-1640-1

Ⅰ . ①生…　Ⅱ . ①赵…　②刘…　③刘…　Ⅲ . ①生物－侵入种－普及读物　Ⅳ . ① Q16-49

中国国家版本馆 CIP 数据核字 (2023) 第 087968 号

生物入侵十日谈

SHENGWU RUQIN SHI RI TAN

策　　划：赵　猛

责任编辑：陈　昕　徐丽叶　庞　婕

主管单位：山东出版传媒股份有限公司

出 版 者：山东科学技术出版社

地址：济南市市中区舜耕路 517 号
邮编：250003　电话：（0531）82098088
网址：www.lkj.com.cn
电子邮件：sdkj@sdcbcm.com

发 行 者：山东科学技术出版社

地址：济南市市中区舜耕路 517 号
邮编：250003　电话：（0531）82098067

印 刷 者：济南新先锋彩印有限公司

地址：济南市工业北路 188-6 号
邮编：250100 电话：（0531）88615699

规格： 32 开（130 mm × 185 mm）
印张： 10　**字数：** 155 千
版次： 2023 年 10 月第 1 版　**印次：** 2023 年 10 月第 1 次印刷
定价： 69.00 元

目 录

第一日

除了传播疾病，还是入侵物种 …………………… 003

第二日

靠吃解决不了的入侵问题 ………………………… 049

第三日

天上地下唯我独尊的化感作用 …………………… 075

第四日

野火烧不尽、春风吹又生的农田杂草 …… 107

第五日

危害人类健康的“不速之客” …………………… 127

第六日

从受人追捧到泛滥猖獗 ………… 155

第七日

森林生态系统的入侵者 ………… 183

第八日

国境内的入侵 ………………………… 219

第九日

“放生”变“杀生” ………………… 251

第十日

谨慎引种的反思 ………………… 275

附录

全球 100 种最具威胁的
入侵种名单 ……………………… 313

刘兵

当下，我国大力推进生态文明建设，这是关系人民福祉、关乎民族未来的长远大计。生态文明建设意味着人与自然的和谐相处，意味着生产方式、生活方式的根本改变。相应地，在科普领域，以生态文明为主题的图书也已经出版了许多。就科普来说，为了达到更好的传播效果，除了宏大的理念之外，更要重视与生态文明建设相关的具体内容，尤其是与人们的生活和社会经济发展密切相关的内容。生物入侵，可以说就是这样一个极为值得关注的话题。在接下来的 10 天中，我们三个人就以生物入侵为主线，结合各种实例，分别就其中的关键问题来做些通俗但又希望是有一定思想深度的讨论和交流吧。

赵亚辉

对，臭名昭著、生命力顽强、很难除根且遍布我国大江南北的蟑螂，其实是个外来种。

刘全儒

其实还有一种措施——生态防治，入侵生物学上也叫替代控制、生态工程控制，就是在入侵地局部建立有效的生态屏障，达到应对入侵的目的。

刘兵

这十天的谈话，对我冲击比较大的一点是，入侵一旦形成，人类只能寻求共存或局部消灭，无法回到从前。除非哪天科学有所突破，否则我们要一直和蟑螂打交道了。

除了传播疾病，还是入侵物种

你知道吗？臭名昭著的“小强”和令人垂涎的牛蛙，其实都是入侵种。可别小看它们，入侵种每年给我国带来 2000 亿元的经济损失。早在 19 世纪，达尔文就曾在 *The Origin of Species*（《物种起源》）中多次提及生物的转移和传入现象。而生物入侵开始受到我国公众和科学界广泛关注的时间，其实并不久远。近年来，在现代生物学、生态学学科基础上应运而生的入侵生物学，为我们发现、解释和防治入侵种提供了系统的理论依据和思路。

生物入侵以何时为界?

刘兵：生物入侵已经成为各国共同面临的重大科学问题，也是社会各界普遍关心的热点问题。我想先了解一下，我国的生物入侵现状大概是怎样的？

刘全儒：生物入侵被认为是导致全球生物多样性减少的第二大原因，仅次于栖息地被破坏。我国是遭受生物入侵危害最为严重的国家之一，几乎所有类型的生态系统中都存在外来有害生物。

刘兵：远的不说，先说说和我们老百姓关系比较密切的物种——蟑螂。在生物入侵领域，蟑螂是个非常典型的例子。大家只知道蟑螂很难被消灭，不知道它还是入侵种。

赵亚辉：对，臭名昭著、生命力顽强、很难除根且遍布我国大江南北的蟑螂，其实是个外来种。蟑螂物种的鉴定、原产地相对比较明确。在我国常见、在世界范围内入侵也比较普遍的是**美洲大蠊**（*Periplaneta americana*）和**德国小蠊**（*Blattella germanica*）（拉丁名由**林奈**命名）。虽然这俩名字里有“美洲”和“德国”，但这两个物种都不是美洲和德国的本地种，只是在那里被发现了，它们的原产地其实都是非洲，据说是跟随当年的奴隶贩运，从非洲到了美洲、德国，所以美洲和德国其实是入侵地，而不是原产地。

刘全儒：美洲大蠊过去也被称为“船蟑螂”，这说明它和船队之间有密切的关系。

刘兵：也就是说，我们生活中常见的蟑螂，其实都是入侵过来的？

赵亚辉：没错，在我们家里闹得很凶的那几种，多数都不是咱们本地种。

刘兵：我们北方这种小蟑螂，也就是德国小蠊比较多见，体形比较大的美洲大蠊在南方比较普遍。

赵亚辉：对，其实德国小蠊比美洲大蠊更麻烦一些，在许多国家都是最难防治的一种室内卫生害虫。德国小蠊体形比较小，不容易被发现，发现了也不好逮；而且它的产卵量更大，发育时间也更短，雌虫会把卵鞘带在身上，能躲避不利环境，比如杀虫剂、人工捕捉、寄生蜂的寄生等，这就提高了下一代的成活率。在有的地区，德国小蠊取代了其他蟑螂物种，甚至是美洲大蠊。2010年对 5 个铁路局旅客列车中蟑螂种群的一项调查显示，

99.9% 为德国小蠊，美洲大蠊仅为 0.1%。

刘兵： 蟑螂为什么被定义为入侵种？或者说，入侵种是怎样界定的？

物种识别：美洲大蠊和德国小蠊

美洲大蠊： 蜚蠊科中体形最大的蟑螂，身长通常有 30~50 毫米。全身色泽为红褐色或者深褐色，触角很长，前胸背板中间有较大的蝶形褐色斑纹，斑纹的后缘有完整的黄色带纹。翅长于腹部末端，光泽油亮，遇紧急情况可以短距离飞行，但飞行技术不高，飞行姿态和螳螂十分相像。

德国小蠊： 身形极小，只有普通蟑螂的四分之一，是室内蟑螂中体形最小的一种，最小的只有 5 毫米左右，多数体长在 10~20 毫米之间。有触角，体色为棕褐色，雌虫略深，成虫和若虫前胸背板都有 2 条平行的黑褐色纵线，体表油亮光泽。若虫体小，呈深褐色，近于黑色，无翅。成虫翅发达，但基本不会飞翔。爬行足有力，爬行时速度快而敏捷。

美洲大蠊（*Periplaneta americana*）

德国小蠊（*Blattella germanica*）

刘全儒：很多人对生物入侵的概念还不是特别清楚，特别是对于什么物种是入侵种，还是有些疑惑或者误解的。事实上，每一个物种都一直在进行着对自己领地的扩散。任何在地球上存在的物种，它的发展方向就是两个——繁殖后代和扩展领地，所有物种都朝着这两个目标在发展。当外来种在自然或半自然生态系统中建立了种群，改变或威胁本地生物多样性的时候，我们就称之为生物入侵。简单地讲，生物入侵就是动植物以及微生物的偷渡、叛逃或潜行。

刘兵：你提到了生物多样性这个概念，这是近几年的保护热点，生物入侵会给生物多样性带来哪些具体的改变？

刘全儒：生物多样性其实包含三个层面：一个是遗传多样性（genetic diversity），也就是决定生物体性状的遗传因子及其组合的多样性，入侵生物会降低本地种的遗传多样性，甚至造成遗传多样性丧失；第二个层面是物种水平上的多样性（species diversity），入侵生物会使群落结构趋于简单，群落部分功能弱化，继而导致物种多样性下降；第三个层面是生态系统多样性（ecosystem diversity），入侵生物会导致生态系统的结构和功能被破坏，从而对生态系统多样性造成影响。比起直接经济损失，这种影响往往难以估量。

刘兵：我们一般认为生物多样性降低就是你说的第二个层面——物种的减少，其实还有遗传学和整个生态系统层面的影响。

刘全儒：是的。

刘兵：那说回刚才的话题，怎么判断一个物种是不是入侵种?

刘全儒：我们要判断一个物种是不是入侵种，首先要确定它是本地的还是外来的。如果是外来的，再看这个外来的物种构不构成入侵。这里面就涉及两个概念——本地种和外来种。

刘兵："本地"这个界限是怎么划定的?

刘全儒：在一个局域范围内，正常生活着很多物种，如果这些物种长期在这个局域内生存，就可以被定义为本地种（indigenous species）。

刘兵：那怎么算"长期"?

刘全儒：这个时间的划分是很关键的。我们对外来种的关注是近一两个世纪内才开始的，因为我们发现生物入侵的现象越来越多，影响越来越大。所以，这个时间节点如果定得过早，比如把史前时期就已经出现的物种定义为

知识点

林奈的“双名法”

给植物一个名称，是人类社会诞生之初就自然开始了的。由于植物分布的地域差异以及人们对植物的利用和认识不同，它必然会有多个别名、地方名或俗名，一物多名和一名多物的现象直到现在依然很普遍。因为名称具有特定的信号意义，人们用一个公认的、一致的名称交流对植物的认识，才不至于发生混乱。为避免这种混乱，生物分类之父林奈（Carolus Linnaeus，1707—1778）在1753年出版的《植物种志》（*Species Plantarum*）一书中，在前人的基础上创立了双名法。双名法要求一个种的学名必须由两个拉丁词或拉丁化了的词组成。第一个词是属名，是这个种所处的属；第二个词称为种加词，或种区别词，通常是一个反映该植物特征的拉丁文形容词。属名的第一个字母必须大写，种加词的第一个字母一律小写，属名和种加词在印刷时使用斜体。这两个词共同组成一个种名，所以不能把种加词叫作种名。同时，命名法规要求在双名之后还应附加命名人之名，以示负责，便于查证。

举个例子，在林奈的“双名法”出现之前，当时路边到处可见的一种酸浆属植物，被叫作 *Physalis amno ramosissime ramis angulose glabris foliis dentoserratis*。林奈直接将其简化为 *Physalis*

瑞典博物学家、生物分类之父
林奈
（Carolus Linnaeus，1707—1778）

angulata，这就是著名的“双名法”——前面是属名，后面是种加词（表 1-1）。至此，全世界物种的命名就统一起来了。

表 1-1 双名法示例

种名	属名	种加词	命名者 （常常省略）
德国小蠊	*Blattella*	*germanica*	Linnaeus（林奈）

本地种，后来的都是外来种，那就没什么意义了。我们关注的是近期发生、给人类利益带来巨大影响的生物入侵事件，所以，一般以大航海时代为分界线，比如郑和下西洋、哥伦布发现新大陆、鉴真东渡、玄奘西行取经，还有张骞出使西域，等等，这些是有详细记载的跨地域的物种大迁徙和交流。其实就算是一个小山村，如果山村内的人与外面有交流，也会引来外来种。

赵亚辉： 蟑螂的例子也说明，生物入侵发生在大航海时代之后。

外来种与本地种如何界定？

刘兵： 我有一个疑问，多大的范围内算“本地”？国界？省界？比如，美国的一个物种跟随货物运输由海关进入中国，这肯定是外来种。那如果从福建到河南，这算外来种还是本地种？如果一个村子的物种由于人的活动扩散到另一个村子里去了，但是没超过整个县的范围，这算本地还是外来？

刘全儒：国际上对外来种的通用解释是：一个生物体出现在它扩散潜力以外的区域，也就是其分布范围被人类扩大的物种，就是外来种（alien species）。“本地”的概念中，有“一定的地域”的含义，这个“地域”可以是人为划定的，是相对的。比如，我们说中国的外来种，那就是以国界为地域划分标准；如果说北京的外来种，那就是以省市界为线。所以，这个外来种可能是从国外过来的，也可能是从国内其他省份过来的。

赵亚辉：生物学概念里是没有国家界限的。我们单纯讨论生物入侵概念的时候，要抛弃行政区划来谈，从已知的自然分布区来分析。但绝大多数时候我们无法确定一个物种自然分布区的边界在哪里，生物学家通常把明显远离入侵地点的物种叫作入侵种。举个例子，麦穗鱼（*Pseudorasbora parva*）的自然分布区在我国的东部，欧洲通过人为引种把它从我国引过去，这是典型的长距离而且跨境迁移，我们很明确地知道它的自然分布地在哪里。再比如，河川沙塘鳢（*Odontobutis potamophila*）原本生活在长江流域，自2000年开始出现在了北京的自然水域。所以我们通过比较分析这个物种的原始分布区、入侵地的区系组成，就能明确地判定这是外来种。

麦穗鱼（*Pseudorasbora parva*）

刘全儒：赵老师说的这两个例子比较典型，它们的地理分布明确，而且所涉及地区的基本资料完备，这样确定外来种还是本地种就比较容易。但有些物种确定起来就比较困难，比如区系资料不够完备，或者一个物种原本是外来的，但它在本地已经生存了 1000 多年。要知道，外来种入侵新的生态系统后，经过 1000 年就难以把它同本地种区分开了，因为它完全适应了本地的环境，再加上如果找不到相关的历史记载，这时就很难判断是外来的还是本地的。对此，我们一般有个简单的判定方法：如果某一物种引起了该地区生态系统的重大波动，而历史文献中又没有相关记录，该种可能就是外来种。

赵亚辉： 还有一个例子，现在全球气候变暖，很多物种的分布区域逐渐由南往北推进，比如北半球出现了很多“南虫北上”的现象，无论是发生在国家之间，还是国境之内，这都属于生物入侵。

外来种和入侵种有什么区别？

刘兵： 你刚才说了两种“外来”的方式，一种是由于人类活动造成的，比如靠人有意或无意的携带导致的物种间的交流；另一种是没有人的参与，由物种自然扩散导致的。

赵亚辉： 这里我想强调一点，生物入侵的概念，一般是指由人类活动导致物种从原来的聚集地迁移到新的分布地。如果物种靠自然扩散到了另外一个地方，比如风力，或是一次偶然的洪水，或是某个动物的携带，有些学者不把它算作生物入侵。再有，这个外来种一定得对人类的生命健康、生产生活或是本地的生态环境产生了不利影响，才算入侵种。

刘兵：就是说外来种和入侵种也不是一回事儿，那这二者最核心的区别是什么？

赵亚辉：在提到外来种和入侵种的时候，老百姓，甚至某些专家，经常会把这两个词混用，或者放在一起说，比如外来入侵种，这种说法是不严谨的。外来种和入侵种是两个概念，范围一个大、一个小。前面我们提到过，通常认为，外来种和入侵种的前提条件都是由人类有意或无意的活动带入的，像我们引入的水稻、小麦、番茄，是给人类生活带来好处的，是传入种，英文是“introduced species”，但也都是外来种。外来种中，还有一部分给我们的健康、经济、生态造成了明确的危害，也就是具有“入侵性”，这才是入侵种，英文是“invasive species”。

刘兵：也就是具有负面影响的外来种，我们才叫它入侵种。

赵亚辉：对，产生负面或消极影响的外来种才被称为入侵种。而且，对于入侵种的判断，应该是主观性的，是以人类的利益来考量的。如果没有人存在，单纯只是一个物种通过竞争作用、捕食作用对其他物种产生了影响，这个无所谓好与坏。比如我们引入的水稻、小麦是人类的食物来源，对人类是有益的，但它们的引入有可能造成本地相似野生物种的减少，这种损失不会被我们计算到价值衡量体系中。

知识点

这些常见食物，你知道哪些是人为引入的外来种吗?

以下植物在我国，哪些属于本地种？哪些属于人为引入物种？

本地种：橙子、猕猴桃、茶、荔枝
外来种：番薯、玉米、马铃薯、西瓜、胡萝卜、小麦

刘全儒：对，简单来说，判断一个外来种是不是入侵种，主要从这三个方面的影响来看：人类健康、经济和生态。如果对这三方面其中之一产生了危害，那么它就是入侵种。

刘兵：对人类健康的危害比较容易理解；这个经济危害，在不同的阶段可能有不同的表现，各个部门之间，是受益还是受损，可能也有区别；而第三个生态危害就更麻烦了，这个应该怎么界定？

刘全儒：对健康的危害，我们可以通过检查身体的各项指标来判断；对经济的危害，我们也可以通过做些评估来判定；但生态危害的确很难界定，特别是有些物种带来的生态影响，它的好与坏的确很难评价。目前一般采用一个简单的方法，就是从生物多样性，进一步说是从物种多样性上来进行初步判断。比如原本的物种多样性是怎样的，这个外来种到来之后物种多样性是怎样的，根据比较结果来做一个初步判断。如果物种多样性减少，那么我们就认为它对生态环境造成了破坏。

赵亚辉：被入侵地经历了一个长期的生物自然演化过程，当地的物种，以及人类，都已经适应了这个环境。当有一个新的物种进来，通过捕食、竞争作用，使自己的种群逐渐扩大，本地种种群逐渐减少，当地原本的生物多样性就发生了改变。生物多样性的好与坏不是物种单纯的增

知识点

生物入侵每年究竟给我国造成多大损失?

我国是遭受生物入侵最严重的国家之一。目前全国已发现660多种入侵种。其中，已产生严重危害的至少有283种。世界自然保护联盟（IUCN）公布的全球100种最具威胁的入侵种名单中，已有51种进入我国。令人担忧的是，在这些入侵的外来种中，46.3%已入侵自然保护区。

生物入侵每年给全球各国共造成超过4000亿美元的经济损失。2001—2003年，我国进行了首次针对入侵种的调查，对影响我国国民经济行业4个门类的283种入侵种的危害进行了分析和计算，得出其每年造成的经济损失达1198.77亿元，占当年国内生产总值的1.36%。而现在，损失已高达2000亿元。

单就水葫芦这一个物种，我国每年打捞水葫芦的费用为5亿~10亿元，由于水葫芦造成的直接经济损失接近100亿元。

加与减少，某一个物种的多度、组成情况的变化，也影响着生物多样性。再往深一点说，在一个生态系统里，不同物种所发生的生态功能是不一样的，也就是我们说的功能

多样性，它也会由于物种组成的变化而发生改变，变化的结果也是会对人类的生产生活造成影响。

知识点

入侵种的入侵过程

1. 引入和逃逸期：外来种被有意或无意引入以前没有这个物种分布的区域。有些个体被人类释放或无意逃逸到自然环境中。

2. 种群建立期：外来种开始适应引入地的气候和环境，在当地野生环境条件下，依靠有性或无性生殖形成自然种群。

3. 停滞期：外来种对当地气候、环境经过一定时间适应，开始有一定的种群数量，但是通常并不会马上大面积扩散，而是表现为“停滞”状态。有些物种要经过几十年才开始显示出入侵性。停滞期持续的时间长短因物种和当时的地理和生态条件而有很大的不同。例如，如果植物产生大量种子需要的时间较长，有性生殖周期较长，适合种子发芽的气候周期年数较多，则停滞期就较长。一般来说，草本植物停滞期短于木本植物。

4. 扩散期：当外来种形成了适于本地气候和环境的繁殖机制，具备了与本地种竞争的强大能力，当地又缺乏控制该种种群数量的生态调节机制的时候，该种就会大肆传播蔓延，形成“生态”暴发，并导致生态和经济危害。

入侵生物学是如何发展起来的?

刘兵：人们是从什么时候开始关注生物入侵，意识到这是个问题的？

赵亚辉：最早关注生物入侵的时间和入侵生物学形成理论体系的时间是不一样的。早在 17 世纪，人们就注意到了一些外来种的存在。1958 年，研究生物入侵综合治理的第一人——Charles S. Elton 的 *The Ecology of Invasions by Animals and Plants*（《动植物入侵生态学》）出版，让入侵生物学逐渐成为了一门学科。到了 20 世纪 80 年代，生物入侵开始受到重视，越来越多的生态学家开始思考生物入侵的问题。但生物入侵受到公众和科学界的广泛关注，不过是近 60 年的事。现代生物学发展的时间并不长，在这基础上发展出了生态学，生态学的系统理论成熟之后，人们才广泛关注生物入侵的问题。目前，入侵生物学已逐渐由传统生物学转变为集生态学和进化生物学特色和优势的新兴、独立学科。

刘全儒：早在 100 年前，一部分人开始关注外来种，但仅仅是注意到了外来种，并没有关注外来种所带来的生态影响。人们开始逐渐意识到这是个问题的时间并不久远。其实自古以来，物种的自然扩散就一直在进行，人类活动也从未停止，但是工业革命以后，现代交通工具的发展使得人们的活动范围显著扩大，高山、大海、河流等原有的自然屏障好像忽然就消失了，加上人为引种的增多，这就导致了物种交流和扩散的加速。

刘兵：在科普领域，入侵生物学的概念提的也不多。

刘全儒：因为有些种类是否是入侵种，界限并不是很严格。所以我们目前只对造成严重危害的物种进行科普宣传。很多物种是我们人为引入的，人们一开始看中了它的经济价值，并没有想到它可能造成危害，这样的例子有很多，比如小龙虾、水葫芦、加拿大一枝黄花等，我们没能预判其潜在的风险。随着入侵生物学的发展，未来人们可能会进一步揭开生物入侵的机制，更深入了解入侵性强的生物的特点，以起到预防、预知的作用。

刘兵：和其他学科相比，入侵生物学这门学科有什么特殊性？

赵亚辉：一个比较鲜明的特点是学科交叉性，它综合了分子生物学、分子生态学、生态遗传学、生物地理学、系统生态学等众多学科的理论、技术和方法。

加拿大一枝黄花（*Solidago canadensis*）

刘全儒：入侵生物学的应用性也比较强，直接为管理者提供服务。国际环境问题科学委员会针对生物入侵曾经提出过三大核心问题：首先，从入侵种本身而言，什么样的外来种更容易入侵？什么样的入侵特性能造成重大危害？其次，从生态系统来看，什么样的生态系统更易被外来种形成入侵？入侵后会产生怎样的经济、生态与社会影响？再次，从防控管理而言，如何科学地制定政策法规和采取有效措施来规避和降低生物入侵的危害？这些都是入侵生物学最基本的切入点和研究思路。

刘兵：入侵生物学这门学科，目前的发展状况如何？达到了什么程度？能解决哪些问题？还有哪些问题亟待解决？

赵亚辉：入侵生物学真正成为一门学科的时间并不长，从全球角度来看，目前正处于蓬勃发展时期，这在很多方面能够体现出来。比如主流的权威刊物中，入侵生物学方面的研究和有关生物入侵的报道越来越多，而且还出现了一些入侵生物学的专刊，专门刊载生物入侵领域的研究成果。生物入侵在国内真正形成学科体系的时间比国际上还要晚一些，虽然起步晚，但发展速度快，整体学科已达国际水平。这是因为，首先，我国地大物博，改革开放以来，我国与世界各国的交流日渐频繁，所以受入侵种影响比较严重，这也是我国入侵生物学发展迅速的主要原因。就学科本身而言，入侵生物学虽是一门独立学科，但也是一门交叉学科，主要源于生态学，还包括生物学、传统分类学等，它的学科基础理论体系仍在发展过程中。其次，生物入侵具有极高的环境、物种和时空特异性，每个物种的入侵机制都不一样，入侵过程相当复杂，那么它造成的影响和危害也都不一样。这就需要大量的研究工作，比如记录某个特定物种的扩散、影响过程。但是由于研究方法的限制，人们还无法准确、完整地解释或预测入侵过程，许多理论和假说也存在不同程度的争议。再次，针对已经造成危害的入侵种，该如何恰当地治理，也是当下的重中之重，别像澳大利亚治理兔子那样，为了抓兔子又引入了另一个新的物种，反而造成了更大的危害。未来的主要研究方向还是在防控上，在外来种成为入侵种之前，减小危害。

刘全儒： 目前生物入侵领域面临的问题还真不少。

第一个问题，对于生物入侵的机制，研究得不是很清楚。比如一个物种能够成为入侵种，到底是物种遗传多样性决定的，还是引入地的生态环境决定的。目前只对某些物种，尤其是与人类关系密切的物种的遗传多样性做了研究，如西红柿、辣椒等，它们的果实有大有小，各地都可种植，这就是遗传多样性丰富的典型例子。但是对于入侵种，我们不可能投入那么多的时间、精力去研究，因为我们的目的是防控，不需要特别去研究遗传多样性，但这就导致了我们对它的入侵机制不了解，对后面的防控也会形成一定的制约。

第二个问题，对于入侵种的危害，很难评估。我们总说小龙虾给我们造成了巨大损失，究竟多大，能否转化成具体数据，这没有一个完善的评估机制，现在的数据都是大致的估算。

第三个问题，对于入侵种的界定，仍存在争议。比如，一个物种，有的人说它是入侵种，有的人说它不是；还有一些物种，连它究竟是不是本地种，也存在争议。比如泽漆（*Euphorbia helioscopia*，大戟科大戟属一年生草本植物），美国说是从中国过去的，我们说是从美国入侵过来的，最后谁也说不清到底从谁那来。对于这些物种，目前大多数人都采取回避的态度。

赵亚辉：说到这我想起来，目前还有一种说法叫“本地入侵”，就是原本默默无闻地生活在一个地方的物种，在受到人类或自然的干扰后，种群数量突然增长，分布范围急剧扩大。

刘兵：就是本地种在本地发生“入侵”？

赵亚辉：对。

刘兵：这又是什么原因导致的呢？

赵亚辉：通常情况下，在天敌、竞争者等因素的制约下，物种在原生地范围内不可能表现出入侵性。但是，当一些环境因素改变之后，原本处于控制下的一些本地种就可能

泽漆（*Euphorbia helioscopia*）

解脱出来，从而出现数量上的增长和空间上的扩张。比如，西欧沿海的一个本地种叫披碱草（*Elymus arenarius*），原来只分布在高潮间带的狭窄范围内，后来由于环境污染等原因，当地的氮水平升高，使它的生理发生了变化，逐渐能够适应较长时间、较为频繁的海水浸泡，导致它向大海方向迅猛扩张，并取代了滨藜（*Atriplex patens*）等沼泽植物，成为潮间带的优势种。

刘全儒：我国也有类似的例子。红树林我们都知道，在海陆过渡带，既是森林又是湿地，是地球上生态服务功能最高的自然生态系统之一。红树林近年来受到了互花米草（*Spartina alterniflora*）等外来种的威胁。还有一种本地种，也对红树林有影响，这个物种叫鱼藤（*Derris trifoliata*）。它是本地植物，但是这几年突然暴增，甚至把红树林整个覆盖，导致红树林的光合作用跟不上，慢慢地死去并腐烂掉。航拍的时候能明显看到，在一大片红树林里，突然空了一片地，这就是被清理掉的鱼藤覆盖的红树林，周围都是绿树，就这片白色显得特别突兀。

刘兵：鱼藤从本地植物变成“红树林杀手”，也和环境变化有关吗？

刘全儒：可能跟气候变暖有关，空气中的一些成分改变了，会促进鱼藤的生长，还有沿海养殖导致水体的富营养化，也会促进一些植物的疯长。

刘兵：这也告诉我们，“入侵”其实是结果导向的，不仅发生在外来种身上，也可能发生在本地种身上，而在这当中，人类活动起了关键性的作用。

生物入侵能否避免？

刘兵：我们再说回蟑螂。大家对蟑螂的最大感触就是难以消灭，我们家就曾经深受其害，各种方法都试过了。我听说早期北京协和医院曾经蟑螂泛滥，这么顶级的医院当时也对它束手无策。蟑螂在它的原产地非洲，也像现在这么泛滥吗？

刘全儒：可能没有现在这么严重。原产地有天敌，所以蟑螂的数量可能没有这么多。新环境可能比原产地更适合它的生长繁殖。

不是所有的外来种在新环境中都能生存下来，能生存下来的大概只有 1/10。蟑螂具有所有入侵种都有的三个典型能力：适应能力强，繁殖能力强，传播、扩散能力强。这三个能力也是我们判断一个物种是否具有潜在入侵可能的标准。

赵亚辉：蟑螂繁殖能力特别强。一只雌性蟑螂一生可以产 30 万只小蟑螂。大部分的雌性蟑螂一生只交配两次就能保存住精子，往后可以自主繁衍后代。蟑螂对外界环境的适应力也强，成虫在没有食物的情况下可以存活 2~3 个月，在断绝水源的情况下还能存活 1 个月。而且，蟑螂对人类健康有威胁。它携带好几种病菌，被蟑螂爬过的东西就有可能被污染。

蟑螂污染食物

刘兵：假设人们能够重新选择，在类似实验室的理想状态下，能避免把蟑螂从非洲带到其他地方，如果有这种可能的话，你们是否愿意生活在一个没有蟑螂的世界里？

刘全儒：从个人的角度看，人只关心自己，这是人的本性决定的。只要我家里没有，我就不管别的。范围大点，我肯定希望北京没有，再大点，中国没有，就更好。很少有人会从整个生态系统的角度来考量。这也是我们做科普的意义，要从一定地域内、一个生态单元内来考量。

赵亚辉：作为个人来讲，我肯定是希望没有蟑螂的，否则就不会有入侵生物学了。我们之所以选择蟑螂作为我们谈论的第一个物种，一是因为蟑螂的物种、原产地的鉴定相对比较明确，二是因为它的危害有目共睹，最直接的危害是对人类健康的危害。生物入侵途径分为自然传入、被动传入和主动引入，蟑螂是典型的被动传入种，人类无法避免，这不是以人类意志为转移的。

刘兵：主动引入好理解，人主动把物种引到另外一个地区。自然传入和被动传入有什么区别？

赵亚辉：这二者的区别在于是否有人的参与。自然传入（natural introduction）是指在完全没有人为影响的情况下，物种自然扩散至某一个区域。比如，植物种子等可以通过气流、水流自然传播，或借助鸟类、昆虫及其他动物的携带而实现自然扩散；动物可以依靠自身的能动性和气流、水流等自然力量而扩散其分布区域，从而形成入侵；微生物的自然传入方式更多样化一些，除了前面提到的，还可以随其宿主动物、宿主植物的活动和扩散实现入侵。而被动传入（也叫无意传入，unintentional introduction）是指物种借助各种人类运输、活动等进行的传播扩散，主要是由

在水面肆意扩散的水葫芦
（凤眼莲，*Eichhornia crassipes*）

于人类活动时并未意识到传入外来种的风险，或者没有足够的知识、技能来识别潜在的外来种，从而导致生物入侵。

刘兵：如此说来，被动传入的物种入侵都无法避免？

赵亚辉：是的，很多时候是无法避免的。很多外来种在原产地并没有危害，到了本地是否会带来危害，我们也不清楚。所以，目前的做法是，我们尽量阻止物种的跨地域流通，无论是主动的还是被动的。像我国进口柑橘的时候，需要检测有没有柑橘大实蝇（*Bactrocera minax*）。进口原木的时候，有时甚至需要隔离一段时间再进行检查。不过在目前大宗贸易往来频繁的情况下，完全杜绝也不现实。

刘兵： 有没有具体数据，自然传入、被动传入和主动引入所占的比例分别是多少？

赵亚辉： 我国目前已知的入侵种中，有1/4的物种传入途径不明。在剩下的物种中，自然传入的只占2%左右，大多数都是无意传入和有意引入的。

知识点

人为引种造成入侵的典型例子

1. 作为经济物种、药物、牧草或饲料引入： 苘麻、水葫芦（凤眼莲）、美国商陆、空心莲子草、河狸、牛蛙、非洲大蜗牛等。

2. 用于改善环境： 互花米草、大米草、地毯草等。

3. 用作观赏花卉或树木： 马缨丹、加拿大一枝黄花、荆豆等。

地毯草（*Axonopus compressus*）

蟑螂能被彻底消灭吗?

刘兵: 入侵生物学讲防和治，蟑螂现在已经防无可防，那从治的角度来说，有什么好的办法吗？杀虫剂的效果好像并不好。

赵亚辉: 化学药剂的弊端就是容易导致耐药性。前面提到的德国小蠊，就是入侵种产生耐药性的典型例子。举个例子，火车是容易滋生蟑螂的地方，武汉市铁路局做过调查，由于列车内长期使用化学防治手段，测试中的德国小蠊对 7 种杀虫剂都产生了不同程度的抗药性。其他地方也有类似的报道。

刘兵: 那该怎么办？

赵亚辉: 要想保证杀灭效果，应该定期更换药物，或者几种药物交替使用。

刘兵: 有没有其他办法？比如以虫治虫，或者像对蚊子那样进行基因修饰？

赵亚辉: 这就涉及群体遗传学的问题了。蟑螂目前已经是一个很大的群体，很难达到群体免疫。除非一场大规模的传染病，让它们在短时间内被大规模传染，才可能导致大规模的基因改变。

刘兵：有这种可能吗？

刘全儒：不确定。好与坏都有两面性，这种方法是否会带来新的或者更大的问题，我们不得而知。

刘兵：那人们还能做什么？

刘全儒：入侵已经形成，人们能做的就是忍受。

赵亚辉：蟑螂目前已经无法被彻底消灭，人类更多地应该学会如何与它共存，把它控制在一个合理的数量范围内，然后想办法加以利用。比如，蟑螂可以作为中药材，它在伤口抗感染方面有很好的疗效。

刘兵：所以，对于生物入侵，防的意义其实更大一些？

赵亚辉：是的，接下来就是考虑抑制。将蟑螂控制在一定范围内，局部消灭。不让它暴发，达到与人类和谐相处的水平。第二个方面就是利用，不过，利用的途径是养殖，并不是把家里的蟑螂抓起来利用。利用与入侵不是一个层面的问题，通过利用其实并不能达到控制入侵的目的。

刘兵：蟑螂是这样，那蚊子是不是也有入侵种？

赵亚辉：有的是，有的不是。老鼠也是这样。有些是说不清的，哪些是本地的，哪些是外来的。蟑螂的原产地、迁徙路线、时间与扩散途径都很清楚。还有很多外来种需要更深入的研究，有时甚至需要跨越几个世纪，借助历史文献，看是否有详细记载；有的还要根据人类迁徙路线来判断是否是入侵种。

刘兵：老鼠中也有入侵种？

赵亚辉：有，像我们生活中最常见的老鼠之一褐家鼠（*Rattus norvegicus*）和仅次于它的小家鼠（*Mus musculus*），都是入侵种。2013 年伊朗发生的“巨鼠”事件，主角就是褐家鼠。当时伊朗首都德黑兰聚集了 2500 万只老鼠，比当地人口还多。而且有的老鼠比猫还大，对人有攻击性。

刘兵：我记得这件事，当地政府先是投放了化学药剂杀老鼠，结果很快老鼠就出现了耐药性。

赵亚辉：世界各地都出现过“变异”的老鼠，要么不吃鼠药，要么鼠药对它们不起作用。

刘兵：褐家鼠来自哪里？

赵亚辉：褐家鼠有个称呼叫“挪威鼠”，有的说它来自挪威，但后来发现它更可能起源于东南亚。几乎有人的地方就有褐家鼠，它也伴随着人类活动不断扩散，现在几乎遍布全球。它非常适应寒冷的环境，除了南极洲，各大洲都有，北极也有。

物种识别：褐家鼠

褐家鼠（*Rattus norvegicus*），别名褐鼠、大家鼠、白尾吊、粪鼠、沟鼠。雄性体重 133 克左右，体长 133~238 毫米，雌性体重 106 克左右，体长 127~188 毫米。尾长明显短于体长，尾毛稀疏。

褐家鼠（*Rattus norvegicus*）

野外泛滥的老鼠

刘兵：那会儿火车之类的各种交通工具是“重灾区”。坐卧铺的时候，早上醒来，行李架上的东西都被老鼠咬过。

赵亚辉：对，火车、飞机、轮船是老鼠扩散的主要交通工具。2022年，上海浦东机场海关就从一架入境航班上截获了一只褐家鼠。海关人员先是发现了货物包装存在破损，而这个破损处很像是被啮齿类动物咬的，然后通过排查发现一只已经死亡的褐家鼠。这在海关入境检疫中属于病媒生物，是禁止入境的。

褐家鼠善于游泳，一次可以连续游600米，也喜欢潮湿泥泞的环境，所以入侵海岛的例子很多。美国阿拉斯加州西南部有个火山岛，后来成了“老鼠岛”。200多年前，褐家鼠跟随一艘失事的日本船只漂到了这座岛上，由于没有天敌，迅速繁衍壮大，岛上原本生活着的上千万的鸟类几乎灭绝。到了2008年，当地政府采取了一系列措施，用直升飞机喷洒鼠药，分发小册子指导水手怎样控制船上的老鼠并阻止它们逃上岸，等等。据国外媒体2009年的报道，岛上已经见不到活着的老鼠了，一些鸟儿开始返回岛上。

刘兵：褐家鼠在我国的分布如何？还有它没到过的地方吗？

赵亚辉：目前我国大概只有西藏地区还没有褐家鼠，其他地方都有了。它虽然耐寒，但它适应不了低氧的环境，在海拔2500米以上就几乎找不到它的踪迹了。新疆原本也没有，早在300多年前，褐家鼠就从亚洲扩散到了万里之外的欧美，但我国新疆在20世纪70年代才出现褐家鼠，这与兰新铁路通车有很大关系。

刘兵：我们为什么要提老鼠这个例子，是因为它和蟑螂很像，作为入侵种，它们不光影响人们的生活品质，还会传播疾病，这是我们比较担心的，比如鼠疫啊，流行性出血热啊，等等。世界上曾经发生过3次鼠疫大流行，死

亡人数数千万，我国也受到了波及。

赵亚辉：现在鼠疫在我国已非常少见了，近年来只是零星或者局部发生，只有甘肃、新疆、西藏、内蒙古等地偶尔有零星的鼠疫病例。家中有老鼠，如果不是在鼠疫发生区，一般风险不大。不过还是小心为好。人类感染鼠疫通常需要鼠蚤这个媒介，或者直接接触病鼠。

刘兵：像蟑螂能入药，对我们也算是一点儿安慰。那老鼠有什么我们可以利用的地方？

赵亚辉：实验室里的大白鼠，其实就是褐家鼠的白化种。早在 1828 年，白化的褐家鼠就被引入实验室，当时用于禁食的生理实验。它是第一个被驯化的专门用于生命科学研究的实验动物，为生理学、病理学、心理学等做出了突出贡献。现在实验室的大白鼠都来自同一个褐家鼠祖先，统称为家养亚种。

实验用的大白鼠

牛蛙的引入，功大于过还是过大于功？

刘兵： 蟑螂和老鼠的入侵我们无可避免，那有没有主动引入的例子？

赵亚辉： 主动引入的例子很多，类似的比如牛蛙（*Lithobates catesbeianus*），也携带病菌，而且危害比较大。

刘兵： 牛蛙也是外来种吗？

刘全儒： 是的，牛蛙原产地是北美落基山脉以东地区，是人们有意识引入的，当时人们看中了它的经济价值。包括现在，有些地方还在持续引入。

刘兵： 40 年前我第一次吃牛蛙。当时请客的那位非常自豪地说："牛蛙是高档食材……"牛蛙现在已经很普遍了。不过，作为"高档食材"被引入的牛蛙，给我们带来了哪些危害呢？

刘全儒： 作为入侵种，牛蛙最主要的危害是对生态系统的影响。和蟑螂一样，它也携带病菌——蛙壶菌，而且可以在自身存活的前提下长期携带菌株，这会造成本地蛙的感染，直接导致本地蛙数量减少甚至灭绝。别小看蛙壶菌，它

牛蛙（*Lithobates catesbeianus*）

引起的壶菌病的危害是很大的。有学者发现，至少有 501 种两栖动物种群的下降与壶菌病有关，其中 90 种已经灭绝或者即将灭绝，还有 124 个种群的数量下降超过 90%。目前已知的壶菌物种有两个，一个是蛙壶菌（*Batrachochytrium dendrobatidis*），一个是蝾螈壶菌（*Batrachochytrium salamandrivorans*），前者的危害更大一些。

牛蛙食性特别杂，只要是它能吞下的，都是它的食物，连本该在它食物链上游的蛇它都能吃得下。而且繁殖速度非常快，种群增长极为迅速，一旦在一个地方建立种群，很难根除。

刘兵：既然牛蛙已经泛滥成灾了，我们为什么还要人工养殖牛蛙？

刘全儒：人工饲养可以短时间内增加生物量。自然界中生长的牛蛙经济价值并不高，达不到我们食用的标准。

市场上出售的牛蛙

餐桌上的牛蛙美食

刘兵：前面咱们提到过入侵种三个方面的危害——人类健康、经济和生态，牛蛙在经济上对人类是有益的，但是对生态有害，这样的局面我们该如何处理？

刘全儒：这就涉及我们该如何正确处理这一类入侵种的问题。对于这类物种，我们一定要控制在养殖范围内，尽量避免它逃逸到野外。

刘兵：能控制住吗？就像以前人们说对转基因物种也要设置一些障碍，但实际上后来好像也都被突破了。

刘全儒：是的，尽管想要控制，但最终逃逸不可避免。目前野外的种群基本就来源于养殖逃逸、人为弃养和有意放生。

刘兵：就您个人而言，您支不支持引进牛蛙？

刘全儒：引进牛蛙应该还是一个好的选择。接下来，我们要尽量避免让它逃逸。如果逃逸了，要在人类能力范围内尽量将其消灭。其实为了对付牛蛙，各个国家都想尽了办法。比如，韩国政府号召全民捉蛙，因为牛蛙的鼓膜比较大，容易鉴别，所以不容易抓错。韩国政府要求军队和学生到野外捕杀牛蛙，还举办了各种牛蛙美食节，以鼓励民众多吃牛蛙。

刘兵：管用了吗？

刘全儒：在一定程度上得到了控制。

刘兵：既然如此，入侵生物学的作用是什么？

刘全儒：帮助人们意识到生物入侵问题。这里面不仅涉及自然逃逸的问题，还涉及放生的问题。我们要通过教育，截断这些不必要的入侵途径，至少能降低一些入侵风险，或者使入侵得到相对的控制。如果一个物种在人类活动比较多的地方已经存在，但在自然生态系统中不存在，比如自然保护区，那就算控制得不错。所以这是一个博弈，在保证生态系统的完整性和利用入侵种的经济效益之间寻求平衡。

如何判断一个物种的引入是对是错？

刘兵：同样是入侵种，牛蛙和蟑螂还不一样，对于蟑螂当时我们无法选择，但牛蛙是我们主动引入的，当时是出于经济上的考虑，那现在看来，我们当时引入牛蛙的做法是不是正确的？

赵亚辉： 人类的认识是有一个发展过程的，我们主动引入的很多物种，最开始看中的是它的优良性状和品系能给我们带来的好处，没有考虑到负面影响。开始意识到会有负面影响，也不过这近几十年。现在，对于主动引进的物种，我们越来越重视对它生态风险的评估。我国每年都会从国外引入一些优良的鱼类品种，引入后是否会给我国生态环境带来危害，这是目前考量的重点，如果确定有或者怀疑有，就不引种。但在几十年前是不考虑这些的，比如罗非鱼，是联合国粮食及农业组织在全世界大力推广的淡水养殖鱼类，当时成为很多发展中国家动物性蛋白质的补充，引入时完全没考虑潜在的生态危害。随着入侵生物学的发展，我们对入侵生物越来越重视，相信未来对这方面的把控会更为科学和严格。

刘兵： 虽然原则上如此，但实际上我们是不是也没有办法得到一个特别确切的答案？

赵亚辉： 还是要辩证地看，也不能因噎废食。完全杜绝主动引入，也是不正确的。

刘兵： 那再回到牛蛙，从个人角度判断，你觉得当时的引入是否合理？

赵亚辉： 如果非要这么说，那就说句事后诸葛亮的话，

知识点

除了罗非鱼，水产养殖中，还引入了哪些物种？

根据联合国粮食及农业组织水生物种引进数据库的数据，以下 10 个物种在水产养殖中引进频率最高，它们分别是：

虹鳟（*Oncorhynchus mykiss*）

鲤（*Cyprinus carpio*）

莫桑比克罗非鱼（*Oreochromis mossambicus*）

尼罗罗非鱼（*Oreochromis niloticus*）

奥利亚罗非鱼（*Oreochromis aureus*）

草鱼（*Ctenopharyngodon idella*）

鲢（*Hypophthalmichthys molitrix*）

鳙（*Aristichthys nobilis*）

罗氏沼虾（*Macrobrachium rosenbergii*）

太平洋牡蛎（*Crassostrea gigas*）

罗氏沼虾（*Macrobrachium rosenbergii*）

我个人觉得不应该引入牛蛙。不引入的话，我们只是少了一种食材，而且这个食材也比较小众，但它带来的危害完全大于它的正向价值。但其他一些，比如马铃薯、番茄等，是比较成功的物种引入，因为它们有着不可替代的价值。

刘兵：也就是说，每个物种本身的特点、入侵时的情况各异，我们必须一事一议，没法得出一个统一的、概括的原则。蟑螂这个例子，可以给我们什么启示？

刘全儒：从蟑螂和牛蛙这两个物种来看，一个是无意传入的代表，一个是有意引入的代表。对于无意传入的物种，防重于治；对于有意引入的物种，我们在不了解它习性的前提下要谨慎引种。

靠吃解决不了的入侵问题

每次新闻里报道某个地方小龙虾、大闸蟹泛滥，“吃货”网友们就不淡定了，“小龙虾上入侵榜是对吃货的侮辱”“自告奋勇消灭小龙虾”。但事实是，我们想多了！今天就来揭晓答案——为什么靠吃解决不了外来种的入侵问题。

再美味也挡不住它的入侵

刘兵：咱们今天要讨论的话题呢，是大家都吃过的物种。先来说说小龙虾。一般来说，从吃的角度来看，大家都不讨厌它，而且爱吃的人不在少数。像北京的簋街就是因为小龙虾红火起来的，还有江苏省的盱眙县……

赵亚辉：还有小龙虾第一大省湖北，产量占全国近四成。我这有一组比较新的数据，出自《中国小龙虾产业发展报告（2023）》："2022 年我国小龙虾养殖面积达 2800 万亩，产量超 289 万吨，小龙虾产业综合产值 4580 亿元。小龙虾产量首次超过鲫鱼、鲤鱼，成为第四大淡水养殖品种。"毫无疑问，小龙虾已经是我国非常重要的产业了。从经济效益上来说，小龙虾的价值远大于牛蛙。

刘兵：最近几年大家才有所耳闻，经济价值这么高的小龙虾居然也是入侵种。

刘全儒：对，很多人觉得意外，形成了这么庞大产业的小龙虾，居然也是入侵种。这里面就涉及入侵生物学的很多概念。小龙虾学名叫克氏原螯虾（*Procambarus*

克氏原螯虾（*Procambarus clarkii*）

clarkii），原产地是中、南美洲。小龙虾被引入我国后，对于它来说，我国是新的居住地，那么它对于我们来说首先是个外来种。进入我国后，小龙虾先是由人工养殖，后来由于种种原因，逃逸到了自然环境中，并且适应得不错，能够自然生长和繁殖，就变成了归化种。再后来，它不仅适应了本地环境，还对环境造成了危害，就被定义为入侵种。

赵亚辉：之前流传一种说法——欧美人不吃小龙虾。其实这个说法是错的，他们也吃。20 世纪 90 年代初，小龙虾在湖北泛滥成灾，当时有欧洲商人来江浙一带收购小龙虾，被当地人抓住了商机，实现了从“重灾区”到“养殖中心”的转变。瑞典还有专门的龙虾节，在每年 8 月的第二个周末，是瑞典的传统节日之一，这天大家要凑在一起吃小龙虾——就是我们吃的这种小龙虾。有意思的是，瑞典本身并不产小龙虾，也不养殖，而是从土耳其进口。

刘全儒：我国小龙虾的养殖历史非常悠久，二十世纪二三十年代，我国就开始从日本引入小龙虾了。刚才说到湖北省有“小龙虾第一大省”的称号，让我想起当时湖北省潜江市探索出的一种“虾稻连作”的养殖模式。潜江有 2 万多公顷低湖田，因为常被水淹，所以每年只能种一季水稻。其他时间，农民就尝试在稻田里放养小龙虾，小龙虾可以吃稻庄，等到下次播种水稻前把虾捞上来，这样收入就增加了。

目前小龙虾已经是个重要产业，从养殖到深加工，再到出口，到餐桌上，上下游产业链非常完备。而且，小龙虾已经融入我们日常生活、文化中，像你刚才说的北京簋街，已经成为某种很有特色的文化符号。每年我国还会公布小龙虾产业报告。无论从养殖规模还是经济效益等方面，小龙虾可以说是我国主动引入物种的代表。

刘兵：小龙虾和牛蛙的入侵机制是一样的吗？

餐桌上的美味

刘全儒：一样的，二者都是在养殖过程中逃逸造成了入侵。1920 年，日本的牛蛙养殖场从美国引进了 20 只小龙虾，想作为饵料。没想到从此小龙虾开始在日本大量繁殖。1929 年，南京从日本将小龙虾作为食物、饵料引进。现在，小龙虾几乎遍布我国除新疆、西藏以外的所有省份。

两种价值评价标准

刘兵：作为入侵种，小龙虾的危害是什么？

赵亚辉：小龙虾的适应力很强，到处都能生存。它能耐受的温度范围很广，上到 40℃高温，下到 -15℃低温，它都能存活。如果环境足够潮湿，离开水还能存活一周。它通过携带病菌以及本身的竞争作用，给本地种带来威胁；它还会吃小鱼、蝌蚪，对本地其他物种也会造成影响。它有穴居的习性，擅长在提坝上打洞。它的螯足像一对钳子般有力，打的洞最长能有 1 米多，常常把田埂打通。被小龙虾打过洞的梯田只要一放水，就会往外渗水，无法栽种秧苗。它还会破坏土壤结构，造成水土流失，给当地的农田和水利设施造成严重威胁。

刘兵：根据前面我们提到的入侵生物的三种危害——人类健康、经济和生态，牛蛙和小龙虾的危害属于经济危害还是生态危害？

刘全儒：得看被威胁的物种是养殖的还是自然生长的。如果是养殖的，那就属于经济危害，如果是自然环境中的，

自然水域中的小龙虾

那就是生态危害。我们一般讲小龙虾的危害，多数是指自然环境中的生态危害。

刘兵：尽管小龙虾有这么大的经济价值，我们还是把它定义为入侵种，所以我们认为它带来的危害更大？

刘全儒：经济价值高低与否和是否是入侵种是两个判断标准，虽然经济价值高，但它还是具有入侵性，对生态的负面影响比较大。

靠吃能解决小龙虾入侵问题吗?

刘兵: 每次新闻里报道某个地方小龙虾泛滥，就会引起网友的热烈讨论，不少网友表示“小龙虾上入侵榜是对吃货的侮辱”“要去帮助消灭小龙虾”，关于能不能靠吃来解决某些物种入侵问题，你怎么看?

刘全儒: 吃与入侵，是两个不同维度的问题，目的不一样。吃，是把小龙虾作为一个经济物种来考量。既然是经济物种，那就需要核算成本。在自然生态系统中生存的小龙虾个头不大，口感不如人工养殖的肥美，是否有人愿意吃，这是一个问题;另外，捕捉自然生态系统中的小龙虾，成本会很高。

刘兵: 很多保护动物不是被吃濒危的吗?

赵亚辉: 真正完全靠吃或者捕捞来灭绝一个物种，几乎是不可能的。历史上因为人类捕捉而灭绝的物种非常少，更多的是由于生境的改变而灭绝的。生境改变了，加上人类捕捉，才会导致物种灭绝。单纯靠吃或捕捉，只能去除这个物种的一部分，而空出来的生态位会迅速被其余群体填补。而且我们发现，很多外来种的繁殖策略是“*r* 对策”，这类物种成熟早、生殖和扩散能力比较强，但是防御和保护幼体的能力弱，幼体死亡率高。这种物种会大量地繁殖后代，靠着基数大和生长快，让后代生存下来。因此，当适生空间有余地的时候，繁殖力很强的外来种很容易填补我们靠吃或捕捉去除的那部分。

刘兵：和“*r* 对策”相对的，是什么？

赵亚辉：与之相对的叫“*K* 对策”，这类物种生殖能力比较弱，但寿命长，保护幼体的能力强，幼体存活率高。脊椎动物，还有多数森林树种是 *K* 对策者。而昆虫、一年生植物是典型的 *r* 对策者。

刘兵：那明知道单纯靠吃阻止不了野外小龙虾的泛滥，而如此庞大的产业也不能说禁就禁，如此矛盾的困境我们该怎么做呢？

赵亚辉：就像对待牛蛙、罗非鱼这类养殖化的入侵种一样，目前我们能做的就是尽可能地规范小龙虾养殖业，减少逃逸，同时对小龙虾入侵地进行清除。

亚洲鲤鱼泛滥也不是因为人们不爱吃

刘兵：你刚才提到一个问题，就是欧美人不吃小龙虾这个传闻，我也听说过，不过我更确定的一点是，大闸蟹在欧美的确不太受欢迎。大闸蟹在欧洲泛滥，亚洲鲤鱼在北美泛滥，但没有人吃，是否和文化背景不同有关?

赵亚辉：举个例子，亚洲鲤鱼，就是美国人对青鱼、草鱼、鳙鱼、鲤鱼、鲢鱼等 8 种鱼的统称，其中青、草、鲢、鳙是我国的四大家鱼，也是我们餐桌上常见的美食。其实四大家鱼的野生种群数量已经接近濒危，如果我们没有养殖，那这四大家鱼都会濒临灭绝。相反，四大家鱼在北美却泛滥成灾，成为无法根除的入侵种，最主要的原因并不是没人吃，而是与它们的生殖特性有关。它们的卵具有沉水性，如果水不流动，卵会沉到水底，有一定流速的水流才能让卵在水中浮起来，卵在浮动过程中才能发育。如果没有流动的水，受精卵沉到水底就无法发育成鱼。这是四大家鱼长期在长江、黄河生长形成的特性。20 世纪 50 年代以前，我国开始广泛养殖四大家鱼——到江河中捕捞野生的鱼卵、鱼苗，然后在水塘里进行人工养殖。近些年，我国四大家鱼野外种群数量变少，主要是因为我国修建了各种大型水电站，这些水电站首尾相连，加上水坝的拦截，形成的水库里的水缺乏流动性，改变了鱼类的生境，卵的发育就受到了限制。美国过去也建了很多的坝，不过后来拆掉了，保留了流水生境，所以四大家鱼过去之后便泛滥成灾。

刘兵：美国当时为什么引入亚洲鲤鱼？

赵亚辉：亚洲鲤鱼是美国主动引入的，当时是为了清除河道里的杂草。还有些地区引入鲤鱼是为了水产养殖、垂钓、观赏等。其实除了南极洲，其他各大洲都引种过鲤鱼，目前鲤鱼广泛分布于湖泊、河流、湿地中，是全球分布最广的鱼类之一。鲤鱼生存能力很强，对不良的环境条件耐受力很强，不管是严冬，还是低含氧量水域，它都能克服，最长能活到 50 岁。而且它生长快、个体大，一年能长 14 厘米，体长最长能到 70 厘米，一年能产卵 100 万粒。它的食性也很杂，吃水生植物，而且吃的时候通常把植物连根拔起，还会卷起大量淤泥把水搅混，对水生植物来说是种破坏。它还吃其他鱼类的卵，造成其他物种减少。因此，它被列为全球 100 种最具威胁的入侵种之一。

刚才水坝那个例子，其实也给了我们一个提示，对于外来种的防控，我们可以不从吃或捕捉的角度，而是试着改变生境。比如美国亚洲鲤鱼泛滥这个例子，在河流上建坝可以有效改善鲤鱼泛滥的问题。改变生境，对于防控入侵种可能是一个新的思路。

刘兵：也就是说，在物种灭绝方面，吃或捕捉只是其中一个因素，而且通常不是决定性因素。在生物入侵的防控上，吃或捕捉也不是最有效的办法，改变生态环境可能更有效。

赵亚辉：是的。

水坝

鲤（*Cyprinus carpio*）

大闸蟹在欧洲泛滥

刘兵： 大闸蟹也是我国入侵到国外的物种。

赵亚辉： 是的。大闸蟹中文学名叫中华绒螯蟹（*Eriocheir sinensis*），听名字就知道这是原产于我国的一种螃蟹。在我国它比较单纯无害，甚至需要大规模养殖才能满足国人的需求。但到了国外，由于环境适宜，再加上没有天敌，这些大闸蟹迅速变得横行霸道起来，不仅欺负当地鱼虾，还在河床上挖洞，给当地水路系统造成严重破坏。

刘兵：那大闸蟹是怎么入侵到欧洲的?

赵亚辉：据说是在清朝五口通商时期，黄浦江一带港口停泊着来自欧洲荷兰的商船，为了让商船更加稳定，蓄水池中通常会灌满**压舱水**，大闸蟹的卵和蟹苗就混在这压舱水中被带往欧洲。

刘兵：我看过关于压舱水的报道，说当前我国压舱水输入、输出规模已经位居全球第一了。而且压舱水是外来种入侵的一个重要途径，所以给我国带来了不小的风险。

刘全儒：没错，远洋船舶入境中国港口，每年都要排放数以亿吨计的压舱水，而每吨压舱水中有超过 1 亿个浮游生物和各种不计其数的微生物，因此它是物种入侵的重要载体。想象一下，每天有 7000~10 000 种海洋生物随着压舱水传播至不同的海域，大量的船底吸附生物就更不用说了，这种扩散能力非常惊人。压舱水中携带的外来种一旦定殖、暴发，会打破压舱水输入地区的生态平衡，对近海生态具有严重的破坏性，因为压舱水的吸入和排出基本都发生在近海。

历史上，美国“五大湖”区、澳大利亚近海都曾因为压舱水排放而出现生态危机。美国从 20 世纪末开始

中华绒螯蟹（*Eriocheir sinensis*）

强制规定往来船舶进行压舱水交换的区域和深度。澳大利亚进出口贸易主要通过海洋运输，加上岛屿本身生态环境比较脆弱，所以轮船压舱水携带的海洋外来种的入侵是该国面临的一个很大的威胁。1991 年，澳大利亚发布了世界上第一部强制执行的有关压舱水的规范性文件——《压舱水指南》，要求所有进入澳大利亚水域的船只必须服从强制的压舱水管理。该文件对压舱水的排放、报告和检疫方面的问题做了详细规定。

知识点

压舱水

压舱水，又叫压载水，用于调整船舶的重心、浮态和稳定性。远洋大型货船通过装载和排放压舱水保持船体平衡，避免倾斜，抵御风浪。然而在压排过程中，大量物种也借机“漂洋过海”，开启了“环球旅行”。近年来，我国压舱水输入、输出规模位居全球第一。数据显示，2016 年远洋船舶入境中国港口排放的压舱水达到了 3.46 亿吨，其中长三角地区输入量最大。未经处理的压舱水不仅威胁近海的高密度养殖产业，同时入境靠港货轮的非标排放也会对水体造成危害。对这一系列潜在的生态风险，国际社会已形成共识。中国于 2019 年加入了《国际船舶压舱水和沉积物控制与管理公约》。在国际海事组织的合作框架下，远洋船舶须安装压舱水处理系统，按公约标准处置压舱水。

刘兵：为什么大闸蟹能在欧洲泛滥？

赵亚辉：这和当地的生态系统有关。大闸蟹对环境的要求不高，它们对温度和盐度的适应范围也非常广，可以打洞躲避寒冷或者炎热，以至于不管是热带地区还是温带地区，只要是和海洋连通的江河湖泊，它们都能生存。而且大闸蟹的食性很杂，属于有啥吃啥的类型，不管是水生维管束植物、岸边植物，还是水中的鱼、虾、螺、蚌等，都能成为它们的食物。大闸蟹把水生植物吃光之后，本土水生动物会因为没有食物而灭绝。大闸蟹在国外没有天敌，即使遇到鳗鱼、龙虾等对手，大闸蟹也能凭借着自己强有力的螯将其击败。

刘兵：欧洲人并不爱吃大闸蟹，他们吃面包蟹比较多。

赵亚辉：可能是因为处理大闸蟹实在是太麻烦了，所以当地人对这种美食爱答不理。

罗非鱼，从入侵种到产量世界第一

刘兵：类似小龙虾这种规模化的产业，让我想起了罗非鱼，听说罗非鱼也是入侵种。它又有怎样的故事？

赵亚辉：罗非鱼也叫吴郭鱼，大概是清末民初由姓吴和姓郭的两个人引进的。罗非鱼的老家在非洲的坦噶尼喀

罗非鱼

湖，先被引入我国台湾，后进入广东。罗非鱼是联合国粮农组织推荐的养殖品种，认为其“可为贫穷农渔民解决蛋白质来源，并使他们脱贫致富”。罗非鱼养殖在我国南方地区是一个很重要的产业，使很多不发达的地区富裕了起来。我国是罗非鱼生产大国，年产量位居世界第一，也是罗非鱼出口第一大国。

刘兵：从入侵种到产量世界第一，不愧是“可以脱贫致富”。

赵亚辉：原来主要依靠捕捞的水产业，为了获得品种和数量稳定的水产品，开始向人工养殖转型，这个转变就是“**蓝色革命**”。基于这场“革命”，我国鱼类养殖越来越活跃，引进的新品种琳琅满目，不过有的虎头蛇尾，罗非鱼的引进算是其中最成功的一个了。

不过，我们现在所说的罗非鱼，其实是很多鱼类的统称，并非一个种。因为我们通过各种手段不断地改良罗非鱼的品种，让它吃得少、长得快、耐污染、抗病力强。这种通过人工改造的新品种竞争力非常强，一旦逃逸，就是人造的“外来种”，影响非常剧烈。

刘兵：剧烈到什么程度呢？

赵亚辉：20 年前，我们在海南调查时看到一个小伙子钓鱼，钓了一上午，走时提了一串鱼，大约 20 条，其中只有一条鲫鱼，其余全是罗非鱼，可见当时罗非鱼在自然水域中的数量已经非常可观了。最近我们在三亚红树林地区调查时发现，水体中 40% 的鱼类都是外来种，其中罗非鱼的种群规模是最大的，本地鱼类的物种多样性已经明显降低。在广东、广西、海南等省区，罗非鱼的影响比较大。在北方，因为气候问题，罗非鱼并不多。我国地大物博，生态环境多样，各种气候、各种生境下潜在的入侵种，都要考虑。

知识点

“蓝色革命”与“蓝色经济”

如果把农业上用高科技使农作物高产、稳产叫作“绿色革命”，那么用高科技开发海洋资源则可以叫作“蓝色革命”。蓝色革命的内容包括保护渔业资源、改善海洋生态环境、用先进的技术改进渔业、进行渔业的生物技术开发等。在我国近海投放大量的优质鱼苗，可以保护海洋鱼类资源，修复日益恶劣的海洋生态环境，改善鱼类的栖息环境，使渔业实现可持续发展。

蓝色经济又称海洋经济。现代蓝色经济包括为开发海洋资源和依赖海洋空间而进行的生产活动，以及与开发海洋资源及空间相关的服务性产业活动，这样一些产业活动形成的经济集合均被视为现代蓝色经济范畴。

刘兵：对于罗非鱼，目前有没有特别好的防控办法？

赵亚辉：目前没有特别有效的办法。理论上来讲，这些物种应该是工厂化养殖，和自然水体不流通，一旦发展为池塘养殖、水库养殖，就很容易逃逸到自然界中去。除了养殖，有些地方还曾专门引入罗非鱼来控制水草，或作为休闲垂钓的品种，后来这些都成为了入侵者。

在大家的认知里，都觉得野生的鱼比养殖的好，有些鱼确实如此，但罗非鱼是个例外，罗非鱼虽然适应能力很强，在满是烂泥的浅水区都能生存，但是受恶劣环境的影响，它的肉质会下降，体形大小不一，而且土腥味特别重，所以野生罗非鱼价格低廉，很多人抓到它也不愿意吃。久而久之，渔民也不愿意去捕捞它了。

人类亲手打造的入侵种

刘兵：刚才谈到，我们引入罗非鱼后，通过人工选种繁育，提高了它的繁殖能力。类似这种情况，除了在外来种中出现，是否本地种的人工改良品种也存在逃逸的风险？

刘全儒：这种可能是存在的。比如，我们说转基因的一个主要风险就在于这种基因会在自然界中扩散，对这个扩散的后果我们无法预料。这会导致原来物种的基因不纯粹了。

赵亚辉：就前面鱼类的例子而言，让具有不同优良性状的物种杂交形成新品种。这在过去是很普遍的，国家也会推广这些新品种，比如单性养殖，因为雌鱼长得比雄鱼慢，混在一起养的话，就会出现规格不整齐的问题，到时候分拣也很麻烦，所以人们索性发明了控制性别的育种技术，实现雄性单养。目前世界上罗非鱼的明星品种是奥尼罗非鱼，它是杂交出来的，雄性率能到 90% 以上，生长速度很快。再比如培育不孕鱼种，因为一旦性成熟，鱼类就会出现生长率下降、死亡率上升、体色改变、肉质不佳等情况，影响经济效益，所以，人们就通过让鱼类丧失生殖能力来解决这一问题。但是，近几年我们开始意识到，这可能会造成生物入侵这种潜在的生态危害，所以现在杂交种获批的难度越来越大。

刘全儒：从广义上来说，通过基因改良产生的物种，如果造成了一定的危害，也应该被纳入入侵种。

刘兵：你说的这个结论还挺重要的，这是入侵生物学另外一个意义上的延伸。

知识点

广义的外来种概念中还包括通过基因工程获得的物种或变种和人工培育的杂种。

经济潜力被高估的福寿螺

刘兵：可以上桌的入侵种，我还想起来一个——福寿螺（*Pomacea canaliculata*）。记得有一年北京的一家饭店因为没处理好，导致食客感染寄生虫，后来被广泛报道。我还记得当时新闻里登了很大的图片，告诉大家怎样识别福寿螺和普通田螺。

赵亚辉：对，当时那个事件影响很大，福寿螺未彻底加热，食客感染了寄生在福寿螺身上的广州管圆线虫

福寿螺（*Pomacea canaliculata*）

（*Angiostrongylus cantonensis*）。这个广州管圆线虫在人的消化道内会穿过肠壁进入血液，并在体内移行，造成组织损伤，比如肠炎、肺部感染等。它还会穿过人的血脑屏障移行到脑部，寄生在那里。一旦进入人脑，就有可能造成比较剧烈的症状，包括神经系统障碍、脑炎、视力障碍等，严重时会引起昏迷或死亡。后来北京市因此叫停了所有福寿螺的买卖。其实不止福寿螺，非洲大蜗牛（学名褐云玛瑙螺，*Lissachatina fulica*）也是广州管圆线虫的宿主。

刘全儒：有个很有意思的现象是，很多外来种被赋予了很好听的名字，像福寿螺，类似的还有富贵竹、发财树等，其实都是外来种。这既是商家的套路，同时也粉饰了很多物种的潜在危害。

刘兵：这么看，福寿螺应该是主动引入的？

赵亚辉：对。福寿螺原产自南美洲亚马孙河流域，和牛蛙一样，也是作为食材被引进的。不同的是，当时引入者以为福寿螺会像法国蜗牛一样受欢迎，结果引入后发现大家不爱吃。

非洲大蜗牛（学名褐云玛瑙螺，*Lissachatina fulica*）

福寿螺的卵

刘兵：就是说，福寿螺的经济潜力被高估了？

赵亚辉：当时东南亚各国曾掀起过一阵福寿螺的养殖风，但它的味道和肉质并不受欢迎，市场反应不好，养殖户纷纷弃养。结果几年内，福寿螺就成灾了。它的危害不小，在水稻生育期啃食水稻秧苗、幼苗，造成稻田减产；与淡水底栖生物争夺食物，吞食本地田螺；降低水体溶解氧，使水体发黑发臭，导致水生生物死亡。

刘兵：对于福寿螺，有没有好的治理方法？

赵亚辉：有几种方法，不过各有利弊。使用化学杀螺剂消灭福寿螺的效果比较立竿见影，但这有可能加剧农田面源污染，使用的时候需要非常小心。人们发现，当稻田的水很浅的时候，福寿螺的移动比较慢，取食时间减少，所以在水稻移栽期保持 4 厘米左右的低水位，同时通过人工清除成螺和卵块可以有效减少为害。人们还发现，鸭子等动物喜欢吃福寿螺，所以有的地方在水稻收割后，会在稻田和沟渠中放入鸭群，对于降低当代和下一代福寿螺的种群密度是比较有效的。

物种识别：普通田螺和福寿螺

一看个头，福寿螺的个头比田螺大很多；二看颜色，田螺大多偏青褐色，而福寿螺大多偏黄色；三看尾部，福寿螺的尾部比较短，盖头比较扁，整体看上去偏圆盘形状，而田螺却完全不一样，田螺的尾部呈锥体形状，盖头片也是圆形的。

福寿螺（*Pomacea canaliculata*）

中华圆田螺（*Cipangopaludina cahayensis*）

天上地下唯我独尊的化感作用

化学武器的“杀人于无形”，在生物入侵领域也十分管用。正如肆虐我国江南的加拿大一枝黄花、盘踞在我国西南地区的紫茎泽兰，它们通过与生俱来的“化感作用”，与本地植物展开了一场没有硝烟的战争。

第一批名单的第一位，到底有多厉害？

刘兵： 紫茎泽兰（*Ageratina adenophora*）在《中国第一批外来入侵物种名单》中名列第一位，它具体是怎么回事儿？

刘全儒： 紫茎泽兰是一种适应性很强的恶性杂草，被称为“破坏草”，是我国最具入侵性和危害性的外来杂草之一。原产地是北美洲墨西哥中部，在我国是一种亚灌木，最初作为园艺植物被引到世界许多地区。它生长比较快，因此经常用于建筑废弃地的快速绿化。最初是在我国云南发现了它的野生种群，它主要是靠自然扩散，从缅甸自然扩散进来的。

刘兵： 自然扩散也是一种入侵途径？

刘全儒： 是的。我们前面提到过，无意传入和有意引入都与人的行为有关，自然扩散就和人没有关系了。它是在完全没有人为影响的情况下的扩散。

紫茎泽兰（*Ageratina adenophora*）

刘兵： 具体有哪些途径呢？

刘全儒： 植物的种子可以通过气流、水流等自然传播，或者借助鸟类、昆虫和其他动物的携带而扩散。像紫茎泽兰、飞机草（*Chromolaena odorata*），能黏附在人的衣服上，也能黏附在动物身上，无意传入和自然扩散的因素都有。

刘兵： 黏附在人身上就是无意传入，黏附在动物身上就是自然扩散？

刘全儒：可以这么说。还有土荆芥、鸡屎藤和苋属杂草，它们的种子被鸟吃下去并随着排泄物四处传播。

赵亚辉：动物也可以依靠自己的迁移、飞行，以及气流、水流等自然条件而扩散。之前中国农业科学院植物保护研究所吴孔明院士的研究团队，曾经根据气象数据测算过草地贪夜蛾（*Spodoptera frugiperda*）的迁飞扩散路线。这种蛾原产自热带和南亚热带地区，而我国东部地区春、夏两季盛行偏南风或西南季风，草地贪夜蛾主要向东北方向迁移，长江以南是其北进的必经之地和主要的降落地区。连续迁飞 2 个晚上，它就能入侵长江以北至黄河以南地区。而夏季 6 ～ 7 月是东部西南季风最强的时期，它连续迁飞 3 个晚上可以到达黄河以北至内蒙古与东北南部的广大区域。这就给当地的监测预警提供了科学依据。

刘兵：这么看来，物种的自然扩散因素也是不容忽视的。紫茎泽兰的入侵发生在什么时间？

刘全儒：是二十世纪三四十年代扩散过来的。紫茎泽兰是典型的亚热带物种，基本在长江沿岸以南分布，随着全球气温升高，它的分布区域逐渐北移。七八年前我在重庆调查的时候，发现它已经越过长江，出现在长江北岸。

赵亚辉： 这也是全球变暖的一个佐证。

刘全儒： 紫茎泽兰适应力特别强，荒山、荒地、沟边、屋顶、岩石缝、沙砾上都能生存。幼苗很小，但生长速度很快，2 个月左右就能成株建群。繁殖力特别强，可以有性和无性生殖。一株每年最多能产生 10 万粒种子，种子上有冠毛，随风可以飞到很远的地方；另外，它有根状茎，可以生出不定根，扎入地下，形成新的植株。所以它能迅速扩散，只要没有人为干扰的山坡，它可以很快长满，田埂上也到处都是。它的可塑性还很强，可以通过调节自身的生理特性等来适应不良的生境，提高自身生存率。

刘兵： 它主要的危害有哪些？

刘全儒： 紫茎泽兰会对入侵地的生态系统造成严重破坏，对农业、林业、畜牧业都有影响。

首先，紫茎泽兰对人和动物会产生极大的危害。紫茎泽兰和豚草一样，有致敏成分，人和动物吸入紫茎泽兰的花粉后会出现类似花粉症的症状。紫茎泽兰含有香茅醛、香叶醛、樟脑等化学成分，牲畜误食紫茎泽兰会中毒，其中要数马对它最为敏感，误食后容易引发呼吸衰竭，死亡率相当高。有一年，云南省临沧地区紫茎泽兰引起了数万匹马死亡，四川省凉山彝族自治州的畜牧业曾因紫茎泽兰损失严重，减产了数万头牛羊。

在紫茎泽兰严重泛滥的地区，由于牧草较少，当地农民只好用紫茎泽兰垫畜圈。因为紫茎泽兰是酸性的，时间久了对动物的蹄子有一定的腐蚀作用，进而引起烂蹄发炎。所以紫茎泽兰又被称为“烂脚草”。

其次，紫茎泽兰严重影响农作物的生长。紫茎泽兰生长迅速，入侵农田后，会与农作物争夺水分和阳光，降低农作物的产量，还会造成土地退化。它能阻止自然林木的生长，导致树木死亡。

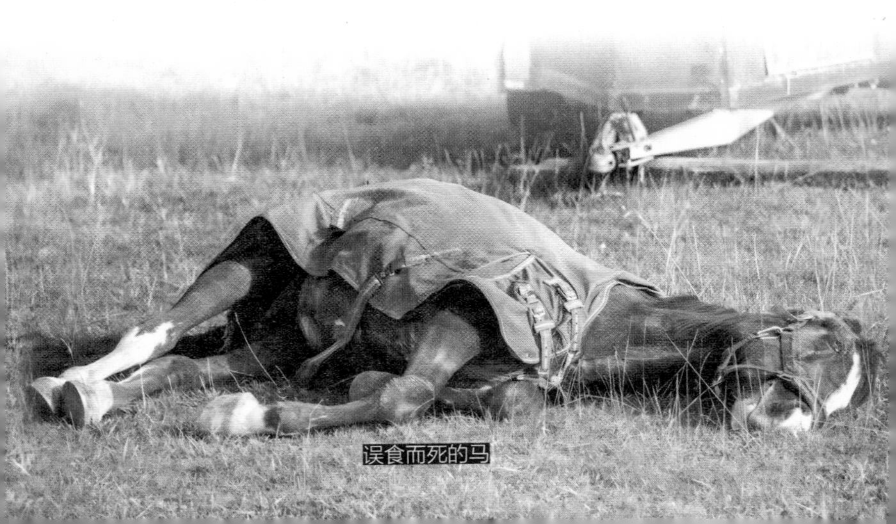

误食而死的马

不过，紫茎泽兰最大的“杀手锏”还是**化感作用**，它是具有化感作用植物的代表，对豌豆、旱稻等的生长具有强烈的抑制作用，同时还会对茶树、桑树、果树造成影响，给当地农民带来重大经济损失。

紫茎泽兰（*Ageratina adenophora*）

化感作用是如何“损人利己”的?

刘兵: 什么是化感作用?

刘全儒: 就是通过向外释放一些化学物质对邻近其他植物的生长发育产生促进或抑制作用。其实很多植物都有化感作用，化感物质有好的也有坏的。研究发现，在生物入侵领域，具有化感作用的入侵植物对本地植物普遍存在显著的抑制作用。而且，有些入侵植物在入侵地的化感作用明显比在原产地更强，化感物质的含量也更高。当然，这都不是绝对的。有些本地植物也会对入侵植物产生不利的化感作用；而有些入侵种到来后，本地植物反而长得更好，这就是正向的化感作用。所以说，化感作用的发生是“因种而异”的。

紫茎泽兰的根和叶片都含有化感物质，还能在土壤中积累，影响周边本地植物的生长。通过这种“损人利己”的行为，它能优先获得养分，从而快速生长繁殖。

紫茎泽兰是菊科植物，菊科植物对伴生植物普遍具有化感抑制作用。在被 IUCN 列为全球 100 种最具威胁的入侵种中，有 32 种陆生植物，其中菊科植物占 3 种，分别是微甘菊（*Mikania micrantha*）、飞机草（*Chromolaena odorata*）和南美蟛蜞菊（*Sphagneticola trilobata*）。

刘兵： 化感物质主要是通过土壤来影响周边植物的吗？

刘全儒： 根系分泌是一方面，还有雨雾淋溶、自然挥发、凋落物分解等。另外，种子萌发和花粉传播也会使化感物质向四周扩散。一般我们确认一个物种化感作用的强弱时，是用一定浓度的化感植物提取液处理其他植物的种子、根系等，看其是否抑制种子的萌发或者根系的生长，从而确认其影响程度。实验表明，紫茎泽兰的化感物质能够明显抑制豌豆、酸模等的生长。

刘兵： 紫茎泽兰在哪些地方容易形成入侵？

刘全儒： 紫茎泽兰容易入侵受人类干扰较多的地方，而自然原生林不容易被入侵。这也是生态位的问题，原始环境中没有它的生态位，人类的生产活动对生态环境的干扰给它提供了生态位。

刘兵： 也就是说，紫茎泽兰先是由人类的有意引入

把它带到本地，同时，由于人类已经对很多地方的生态状况产生了干扰和破坏，又给它的繁殖和发展提供了契机。如果这两个条件只具其一，比如目前我们大量的环境还是比较原始的，也不会发生入侵，是这样吗？

飞机草
（*Chromolaena odorata*）

微甘菊
（*Mikania micrantha*）

南美蟛蜞菊（*Sphagneticola trilobata*）

知识点

化感作用

植物的化感物质，是指植物的次生物质（除水、糖类、脂类、核酸、蛋白质等以外的有机物质）中能自然释放到植物体外，经自然媒介传输后对它自身或伴生植物产生影响的物质。一般来说，在经历了长期演替的自然植物群落内，各植物种群因长期共存，保持着良好的协同进化关系，它们对彼此分泌的化感物质有很好的适应性，一般不会出现某一种群的突然消长。而外来植物与本地植物是非协同进化关系，所以它们的化感物质会造成本地种的“不适应”，成为对付本地种的有力“武器”，本地种在短期内不能适应这些入侵种的化感物质而受到抑制和排挤。研究表明，在入侵群落中，入侵种化感物质的积累比在原群落中多。化感作用是促使外来植物成功入侵并扩张的重要因素。除了对植物，紫茎泽兰对本地土壤微生物也具有明显的化感作用，最终表现出对伴生植物生长的抑制和对紫茎泽兰自身的偏利作用。生态破坏力比较强的入侵植物都被证实具有明显的化感作用，比如豚草、三裂叶豚草、微甘菊、加拿大一枝黄花、牛膝菊等，这个特性对很多世界濒危植物造成了威胁。

刘全儒：理论上是这样。这就涉及物种入侵成功率的问题。有学者提出过“十数定律”（ten’s rule），专

门描述入侵种到达特定入侵阶段的概率。这里先介绍几个概念——传入种、临时种和归化种。传入种（introduced species）是指经人类介导或自然传播到达某一区域的物种。和外来种相比，传入种更强调结果，暗示该物种已经进入某一区域。临时种（casual species）是指只有依靠不断引入才能维持种群的外来种。归化种（naturalized species）是指已经建立能够自我维持的种群，并与本地生态系统形成稳定关系的外来种。十数定律即约 10% 的传入种能够成为临时种，约 10% 的临时种能够成为归化种，而约 10% 的归化种才能最终成为入侵种。这个定律说明，外来种能够成为入侵种的比例是非常小的，而且涉及若干个环节，除了要适应环境，还要有生存空间，也就是生态位，这个生存空间往往是由人类的干预和破坏造成的。

物种从原产地到入侵地的演变过程

为什么岛屿更容易遭受生物入侵?

刘兵：有没有相关研究，比如哪些生境容易遭受外来种的入侵？除了人类干扰比较多的地方，其他的还有吗？

刘全儒：人类干扰比较多的地方被入侵的概率就比较高，比如港口、口岸附近，铁路、公路两侧，还有受人为干扰破坏的森林、草场，等等。除了人为干扰，受某些突发性的自然干扰，比如火灾、洪水和干旱等破坏后的生态环境也容易被入侵。再就是这个地方如果本身气候条件比较好，温暖湿润，比较适合物种生存，也可能被入侵。还有一种比较典型，就是物种多样性较低、生境较为简单的岛屿、水域等。尤其是一些岛屿，比如澳大利亚、新西兰，生态系统比较特殊，相对很脆弱，他们的入关检查就非常严格，严防无意引入一些物种。但能否完全避免，也未可知。

刘兵：岛屿的话，最先想到的就是澳大利亚了，据说澳大利亚是遭受生物入侵危害最为严重的国家。我知道澳大利亚兔子泛滥的故事比较有名，具体细节了解得不是特别清晰，能否大概给我们讲讲？

赵亚辉： 18世纪，英国政府将澳大利亚作为殖民地，兔子大概是那个时期随船登岛的。一开始，兔子是作为食物被圈养的，后来由于人为放养和自然逃逸等原因，岛上的兔子开始疯狂扩张。要知道，岛屿受面积所限，物种演化缓慢，澳大利亚的哺乳动物只演化到了有袋类的水平。而外来的兔子来自广阔的欧亚大陆，经历过激烈的生存竞争，演化程度远超封闭岛屿上的哺乳动物。所以，澳大利亚本土的食草动物被兔子压制得死死的，兔子很快泛滥成灾。为了控制兔子的数量，当地人采取了很多办法，比如猎杀、烟熏兔子洞、散布毒饵等。后来有人引入了狐狸来治兔子，结果狐狸对兔子并不感兴趣，更喜欢本地有袋类食草动物，成为了新的入侵种，人们又不得不想办法对付狐狸……直到现在，狐狸已经成为澳大利亚另一种危害比较严重的入侵种。

刘兵： 那最后兔子是怎么被消灭的？

赵亚辉： 当地人引入了兔黏液瘤病毒，它可以通过蚊虫传播，效果立竿见影。很快，兔子数量骤减。当然，也有一些活了下来，活下来的这些对该病毒有了免疫。人们又反复修改病毒基因，有效控制住了兔子的泛滥。

刘兵：这个例子说明，物种引入要慎之又慎，生态平衡一旦被打破，再想恢复到最初是非常艰难的，代价也是巨大的。那为什么像澳大利亚这种岛屿更容易被入侵？

刘全儒：因为和大陆相比，岛屿面积相对较小，边界清晰，物种的丰富度低、种群小、遗传多样性低、群落结构简单。达尔文在《物种起源》中曾提到过："如果某一区域早已布满了生物，势必将减少其他物种进入的概率。"后来，英国的一位学者提出了"多样性阻抗假说"，这个假说和达尔文的观点类似，就是物种多样性高的生态系统比多样性低的对外来种入侵的抵御性更强。因为在外来种入侵的初期阶段，本地生态系统所产生的抵御性往往能阻止外来种的进入，让它很难实现进一步扩散。而物种多样性低的生物群落，它们内部的种间关系比较脆弱，对本地资源的利用不够充分，外来种就有了"空子"可钻。

刘兵：也就是说，岛屿受面积和物种数量所限，生态系统抵御入侵的能力比较弱。

刘全儒：是的，其实很好理解，本地种多样性高了，外来种的潜在天敌数量也会多一些。

刘兵：不过正因为岛上物种数量有限，岛上的居民对外来种的引入需求应该比内陆地区更高。

刘全儒：是这样，所以岛屿经常被人们作为研究生物入侵机制、生态影响及控制策略的首选。在生物入侵岛屿的过程中，人类活动的影响其实是很显著的。人们移居过去的时候，往往会有意无意地引入各种动植物，其中有不少成为归化种。像新西兰，目前存在的引入植物多达 2000 种，其中至少 10% 的种类已经成为归化种。由于大量引入外来种，许多岛屿已经成为生物入侵的重灾区。

刘兵：我们分成两个方面来说，先说说植物。引入植物多达 2000 种，这会造成怎样的生态后果?

刘全儒：大量植物的引入，对岛屿上湖泊、沙丘、沿海灌丛带、森林等场所中的植物会产生严重影响，导致当地植被遭受破坏，植物生态系统服务功能下降。一些入侵植物能提高土壤中氮和磷的水平，累积起厚实的枯枝落叶层，为其他外来种的入侵创造条件，由此引起入侵崩溃，加剧生态影响。

刘兵：再说说动物方面。

赵亚辉：动物方面，除了刚才澳大利亚兔子的例子，还有棕树蛇。棕树蛇在 1950 年前后无意传入太平洋关岛，结果成了当地的顶级捕食者，至少让 12 种鸟类、2 种蝙蝠、3 种爬行动物灭绝。后来为了控制它又引入了红颊獴，结果也带来了负面影响，导致了多种本地动物的灭绝。

海鬣蜥（*Amblyrhynchus cristatus*）

燕尾鸥（*Creagrus furcatus*）

麦哲伦企鹅（*Spheniscus magellanicus*）

北海狗（*Callorhinus ursinus*）

岛屿之所以容易受到生物入侵的影响，还与岛屿上的生物及整个生态系统对生物入侵较为敏感有关。有一项针对蜥蜴的研究发现，在岛屿上蜥蜴对竞争者、捕食性天敌胁迫的敏感性要高于在大陆上：在竞争者、捕食者种类较少的情况下，岛屿上的蜥蜴可达到一个很高的种群密度，为大陆上的10倍之多，反之，当竞争者、捕食者种类增多后，蜥蜴密度即显著下降；相比之下，在大陆上，竞争者、捕食者种类增多后并不对蜥蜴密度产生显著影响。

物种的适应性进化

刘兵：咱们再回到紫茎泽兰，刚才我们讲到它入侵成功的因素，跟前面亚洲鲤鱼的例子又不一样了，亚洲鲤鱼那个是因为自然环境原始才入侵成功的，紫茎泽兰是因为环境受到人类破坏造成生态位空缺进而入侵的。

刘全儒：这是由物种特性决定的。紫茎泽兰是喜阳植物，不耐阴，而且高度有限，亚热带地区的自然环境以森林为主，植被很高，没有它的生存空间。而人类伐木造田，使得原有森林生态系统遭受破坏，给了紫茎泽兰足够的生存空间。

赵亚辉：这里面涉及生态学的一个理论，一个完整的没有被破坏的生态系统，各种生态位都已经饱和，除非某个物种的某方面能力特别强，否则很难入侵成功。但人类活动使得原来功能完整的生态系统被破坏，就为像紫茎泽兰这种物种提供了生存空间。这也是为什么我们一直在强调保护生物多样性，因为这非常重要。

刘全儒：除了人类砍伐树木给紫茎泽兰提供了光照之外，我们还发现，入侵植物在入侵地会发生生长发育与防御扩张方面的资源再分配，以更好地适应新环境。比如它的个体大小、繁殖力、遗传结构等方面会快速进化，使得它们相对于本地植物，在生理上更有竞争优势。像紫茎泽兰，它入侵我国之后，和在原产地墨西哥的种群相比，发生了明显的适应性进化。我国的种群降低了叶氮向细胞壁的分配比例，而把更多的叶氮分配到光合机构，以提高光合能力和光合氮的利用效率，进而导致植株无节制地疯长。

人造林为入侵创造条件?

刘兵: 说到砍伐森林，我们过去破坏了很多原始森林，意识到问题之后便开始人工造林。最近又发现，人工造林树种比较单一，生态功能不够完善，是有问题的。从这个意义上说，人工造林是否也为紫茎泽兰这类物种的入侵创造了条件?

刘全儒: 可以这么说。

刘兵: 人工造林本身就是引入外来种的一个重要途径。**桉**（*Eucalyptus robusta*）**树**是不是就是这样?

刘全儒: 我们现在认为桉树并不是入侵种，更多地属于生态学问题，是由于单一物种造成的森林生态功能的退化。作为成功的外来种，它必须能够在自然环境中繁衍后代，桉树不符合这个要求。我们说从外来种到入侵种中间要经过归化的过程，也就是在入侵地有自我繁殖能力，无论是有性生殖还是无性生殖，然后才能形成入侵，否则就不算入侵。

刘兵：也就是说，虽然桉树对生态有影响，但这种影响主要是在人工造林的环境中发生的，不是在自然界自主发生的，所以这是生态学问题。

刘全儒：对。按入侵生物学的概念，入侵种必须满足自然繁殖这个条件，那么桉树就不是入侵种。但其实桉树和入侵种的基本情况是一样的，它是人为引入的外来种，又对生态环境产生了危害，唯一区别是我们人为地让它在这里持续存在下去，而非靠它的自然繁殖，但最终造成的结果其实和入侵种是一样的。

刘兵：如果我们不较真它到底是不是入侵种，只关注最终结果的话，人类对于这个后果应该负有很大责任。

赵亚辉：是的，我们讨论的所有问题都是在以人为核心这个基础上才成立的。

刘兵：那治理紫茎泽兰目前有什么好办法吗？

刘全儒：首先，在发现早的地区，尤其是经济价值比较高的农田、果园、公园等，可以通过人工或用机械进行清除，减少植株的数量。但我们前面也说了，紫茎泽兰的根、茎再生力很强，随处都能成活，所以处理时要比较小心。否则不但不能控制，反而会帮助它扩散。

知识点

“断子绝孙树”——桉树

桉树原产自澳大利亚等国，大家熟悉的树袋熊就是以桉树叶和果实为生的。我国引入桉树大概是 1890 年。经过多年的发展，桉树早已从最初的零散引种变为了广泛栽培。桉树是典型的速生树种，面对大量的木材需求，桉树成为生长快、产量高的优质林木。后来，人们渐渐发现了桉树的问题。因为桉树也具有化感作用，所以桉树生长的地方，地面上都没有其他植物。而且，桉树对养分需求量大，蒸腾作用也大，被称为“抽水机”，导致周围山地、丘陵土壤肥力下降，甚至引起水土流失。单一物种的桉树林给生态环境带来了严重破坏，因此被称为“断子绝孙树”。

桉（*Eucalyptus robusta*）树林

其次，对危害严重、面积大、人工清除有困难的地方，可以适当采用人工防治和化学防治结合的手段，在每年的三四月和七八月喷药效果最好。

再次，刚才说紫茎泽兰喜阳，可以在它分布区周围种植适应本地区环境的热带禾草或豆科植物，就能有效控制紫茎泽兰种群的生长。云南省的玉溪、临沧等地已经引入了非洲狼尾草，它是根茎类、多年生禾本科植物，原产地是非洲热带和亚热带地区。它的植株最高可达 2 米，是一种优良牧草。该植物对紫茎泽兰具有很强的竞争替代效应。研究发现，每平方米种 45 株以上，以这个密度建立非洲狼尾草种群，可以有效遏制紫茎泽兰的生长，抵御和控制它的入侵。这就是我们所说的替代种植。根据我的野外观察，栽植本土的常绿阔叶树进行替代种植，从长远来看，效果应该优于非洲狼尾草。

在实践中，往往因地制宜，采取几种措施叠加的方式。比如在农田或果园里，可以以替代种植为主。在交通沿线紫茎泽兰的扩散前沿，可以种植观赏植物进行绿化拦截，阻止它传播蔓延。不能进行替代种植的地方或时期，可以通过释放天敌来进行生物防治，紫茎泽兰的天敌主要是泽兰实蝇。在林地和荒地，可以采取替代种植和生物防治结合的方法，进行持续控制。在替代种植前，最好先用人工手段或化学手段进行清除，然后再种植。在入侵重灾区，可以先喷洒高效除草剂进行应急控制，再释放泽兰实蝇。当然，释放泽兰实蝇会不会形成新的生物入侵也值得考虑。

人们为何如此关注加拿大一枝黄花？

刘兵：现在提到入侵种，讨论比较多的是加拿大一枝黄花，它和紫茎泽兰有什么相似和不同之处？

刘全儒：加拿大一枝黄花（*Solidago canadensis*）的引入途径并不单一。最初是在 1936 年，它被作为园林观赏物种从北美洲引到上海，这种有意引入比较多，不过也有无意传入的，比如引入其他花卉时不小心带进来。引到上海之后，20 世纪 80 年代扩散蔓延成恶性杂草。加拿大一枝黄花其实有几十个种，都归于一枝黄花属。我们目前所说的加拿大一枝黄花，实际是包含 3 个染色体倍型的物种，二倍体、四倍体和六倍体，其中存在入侵问题的是四倍体。公园里栽培的一般都是二倍体的，叫黄莺（*Solidago* ‘Golden Wing’）。

刘兵：它最大的危害是什么？

刘全儒：经济方面，它侵占果园、农田、园林绿地；生态方面，因为它比别的植物生长快、繁殖快，在合适的环境中能在短时间内形成一个单优势种群，这样就挤占了其他植物的生态位，造成生态危害。它虽然喜欢水分和阳光，但同时也能忍耐阴凉、干旱、贫瘠的环境，因为它能与丛枝菌根（arbuscular mycorrhia）真菌形成共生体，菌根能降低外界环境对它的负面影响。比如，在干旱、营养贫乏、光照不足的时候，菌根共生体可以显著提高它的耐受能力，所以在农田、庭院、荒地、河岸、高速公路和铁路沿线很常见。

加拿大一枝黄花（*Solidago canadensis*）

2003年上海市农业技术推广中心就做过调查，已经有30多种上海本地种因为加拿大一枝黄花的入侵而灭绝。它带来的经济损失是双重的，一是造成作物、果树等减产；二是清除它需要耗费大量的财力、物力。

刘兵：目前受影响的区域是哪些？

刘全儒：四倍体的加拿大一枝黄花主要集中在长江流域以南的东部地区，北方公园里也有，不过主要是二倍体的。

刘兵：为什么人们这么关注“一枝黄花”？

刘全儒：它有入侵种很典型的特点，繁殖能力强、传播能力强、生态适应能力强。它既能有性生殖，又能无性生殖，而且两种生殖能力都很强。每株可以产生1万~2万粒种子，有些甚至高达4万粒。并且种子的萌发期比较广，3~10月都可以萌发。另外，加拿大一枝黄花的根系相当发达，有很强的利用土壤养分、耐受干旱的能力，一旦定殖即能迅速扩大种群，很难根除。而且，它也有化感作用，对周围本地植物种子的萌发和幼苗的生长都有明显的抑制作用。

刘兵：可对于我们普通人来说，一枝黄花看上去不像蟑螂有那么大危害，反而还挺好看。

刘全儒：这点确实如此，入侵种的危害往往没有那么直观。加拿大一枝黄花很显眼，特别高，最高快 3 米，茎笔直，上面开着金黄色的花，只要出现就是一大片。10 月进入花期的时候，会形成金黄色的花海。一旦形成入侵，想要根除很难，只能从控制和利用的角度想办法，而且要尽可能地控制成本。

加拿大一枝黄花（*Solidago canadensis*）

人工的、规矩的，才是美的？

刘兵：说起成本，我联想到另外一个例子。在清华大学里我们的办公楼外，有一片天然杂草，其实看上去很舒服。后来学校特地派人把杂草除掉，种上一些人工小草。我们知道，这种人工草坪中有很多我们有意识引入的外来种，维护上要花费很大代价，浇水、施肥等，成活率还不高，但我们还是要花那么高的代价去做这事，这个问题应该怎么看？

刘全儒：刘兵老师说的这个问题涉及两个方面。首先，是认识的问题，就是我们该如何看待那些自然生长的不那么整齐、规矩的植物；其次，我们缺乏真正懂得如何合理利用这些自然植物的园林工作者。现在人们已经开始意识到这个问题，应该从改良、改造上下工夫，而不是拔掉再种。

刘兵：这里面涉及和自然观相关的审美观的问题，一定什么都是人工的、规矩的才是美的吗？

刘全儒：尽管领导层面有这个思路，但执行层面还是有差距。比如，我们参观英国的邱园和康沃尔郡伊甸园的时候，接待我们的看上去就是普通的园林工人，其实他们是管理人员，上午接待我们，下午就去干活，所以决策层和执行层的观念是一致的。但我国的园林工作者就存在观念上的断层。

刘兵：那能不能这样说，“园林”这个存在本身就是对天然生态系统的干扰和破坏？

刘全儒：是的。园林工作是对自然的改造，应该是在自然基础上的改良，但我们现在往往走极端了。

人工园林

知识点

废弃矿坑成全球最大温室
——康沃尔郡伊甸园

英国的康沃尔郡伊甸园，原先是一个废弃的采石场，如今是世界上最大的温室，面积相当于 35 个足球场，其间生长着 10 万多种来自世界各地的植物。它在休闲娱乐、环境教育、环保领域有着不可替代的地位。

康沃尔郡伊甸园

能否通过利用达到控制入侵的目的?

刘兵： 目前针对加拿大一枝黄花有哪些防治措施?

刘全儒： 预防方面，我们发现，加拿大一枝黄花覆盖率的高低和当地有效管理时间的长短有关。在长期疏于管理或粗放管理的区域，它的密度就比较高，危害程度也大，而管理比较好的地区，像菜地、农田、苗圃等，即使有，危害也稍微轻一些。所以，对于闲置的土地，应该加以利用，减少抛荒，不给它留有生存空间。

清除方面，现在国内主要有三种方法。第一种是物理防治，即采用机械拔除，一般是抓住加拿大一枝黄花刚开花、种子还未成熟的时机，迅速将所有植株连根拔除，并通过中耕（指对土壤进行浅层翻倒、疏松）或挖掘将遗留在土壤中的根茎等无性生殖器官清除，带出田外晒干后集中销毁，有条件的话进行沤肥处理。第二种是化学防治，这也是控制加拿大一枝黄花比较经济有效的手段，即在出苗季节和开花前后，利用草甘膦等灭生性除草剂及其复配剂进行防除。一方面，利用除草剂灭除需要专业的指导，另一方面，化学防治容易对环境产生一定的危害，如果不是大面积暴发，不建议使用。第三种是生物防治，通过引入天敌来防控，但如果不小心，又会造成新的生物入侵。

刘兵：它有没有什么好处能让我们加以利用呢？

赵亚辉：目前正在推进的是用作羊的饲料。浙江省农业科学院蒋永清教授的团队曾经对加拿大一枝黄花的饲料化应用进行过探索，当时是作为兔饲料进行研究。

后来，湖州市一家羊场开始用加拿大一枝黄花喂羊，2700多头羊的羊场一天能消耗约6吨。这种“饲料化利用”既可以把加拿大一枝黄花作为植物资源加以利用，同时又可以减少因铲除加拿大一枝黄花耗费的人力和物力，这是经济效益。生态方面，因为饲料化利用时会在加拿大一枝黄花结籽前就进行收割，能够阻断其随种子扩散传播的途径，辅助入侵植物的防除工作。

刘兵：一旦饲料化利用实验成功，那入侵问题是不是就迎刃而解了？

刘全儒：饲料化利用可以成为合理利用加拿大一枝黄花这种入侵植物的一种方法。不过，饲料化利用主要还是作为生物防治的一个补充性手段，完全靠饲料化利用来防治，恐怕达不到预期目的，因为防除和饲料化利用，这两件事的目标是不一致的。防除加拿大一枝黄花，是希望控制它的蔓延，但把其作为资源利用时，是希望这种植物资源越多越好，就有可能导致人工种植。

即使未来经济价值凸显，我们也要考虑如何减少加拿大一枝黄花导致的生态危害。如果人工种植，一定要避免让它进入自然生态系统中，导致扩散。

野火烧不尽、春风吹又生的农田杂草

外来种成为入侵种，仅有千分之一的概率，生存竞争的残酷与惨烈可想而知。除了自身要有超群的本领，还要有天时、地利、人和的运气。

从南到北，“它”是如何适应各种环境的？

刘兵： 今天我们来聊聊以长芒苋（*Amaranthus palmeri*）为首的农田杂草。长芒苋大家听起来可能比较陌生，苋菜倒是吃过，它和长芒苋有关系吗？

刘全儒： 苋菜就是我们俗话说的“雁来红”，和长芒苋属于同一个属。我国一共发现了 20 种苋属植物，其中只有 3 种是本地种，其余 17 种都是外来种，有 11 种成了入侵种，而且入侵性都比较强。苋属中的 9 种被美国列为恶性入侵种。

刘兵： 它们是通过什么途径入侵过来的？

刘全儒： 长芒苋原产于美国西南部至墨西哥北部，在河岸低地、旷野和耕地上生长，随着棉花、大豆、粮食及家禽饲料的贩运被带到各国。瑞士、瑞典、日本等国相继报道了长芒苋的入侵，近年来，它在英国、澳大利亚等地归化。我国的苋属植物绝大多数来自美洲和欧

苋（*Amaranthus tricolor*）

洲。1985 年，我国首次在北京市丰台区南苑乡发现了长芒苋。2003 年，中国科学院研究人员发现长芒苋成了归化杂草。2011 年，我国正式将长芒苋列入有害生物检疫名录。目前，长芒苋已经在北京、天津、山东、江苏、浙江、湖南等多个地区有入侵记录，并且呈扩散蔓延趋势。

刘兵：等于说我国从南到北都有了，那在不同纬度的气候环境下，它都能适应吗？

刘全儒：一般外来植物在传入新的地区后，会通过表型变异来适应新的环境，从而入侵成功。对长芒苋的野外调查发现，我国不同纬度的长芒苋种群具有不同的

长芒苋（*Amaranthus palmeri*）

特点。比如，高纬度和低纬度的长芒苋种群，开花和发芽时间、花序长度、比叶鲜重等都有显著差异，高纬度种群的开花时间明显提前，花序更长，有利于种群的繁殖和扩大。这是一种适应性进化。一般而言，入侵成功的外来种对各种环境因子的适应幅度比较广，也就是我们所说的“生态幅度比较大”。

刘兵：能不能具体解释一下“生态幅度”的含义？

刘全儒：每一种生物对各种环境因子都有一个耐受范围，也就是存在一个生态学上的最低点和最高点，在这二者之间的范围就是生态幅度。除了长芒苋，像空心莲子草（喜旱莲子草，*Alternanthera philoxeroides*），对温度有比较宽的适应范围，它的根和地下匍匐茎在 -5℃冷冻 3~4 天仍然能活，虽然水面植株冻死了，但水下部分仍然有活力；在贫瘠土壤中经过 30 天、35℃以上的高温和干旱处理后还能正常生长，被铲除的根茎曝晒一两天也能活；埋在 1 米以上深处的根茎几年后还能继续膨大生长。

空心莲子草
（喜旱莲子草，*Alternanthera philoxeroides*）

外来种入侵成功，靠的是哪些本领？

刘兵：我一直想问个问题，前面我们说过，外来种最后成为入侵种的概率非常低，只有约千分之一。那为什么偏偏是这些物种入侵成功呢？这些物种的哪些共性对它们在新环境中定殖下来是有利的，这方面是否已经有了研究定论？

刘全儒：外来种之所以能成功入侵，与其自身和周围环境都有很大关系，其实是需要这么一个天时、地利、人和的条件的。从入侵生物学角度讲，外来种的定殖能力受生物和非生物学因子的影响。生物学因子，比如外来种本身的个体大小、繁殖特性、生长速率、资源利用能力、竞争或防御天敌的能力、表型可塑性水平等。非生物学因子，就是入侵地的土壤营养、水分、光照、温度啊这些，还有生态系统被干扰的状况等。

刘兵：繁殖特性能不能展开说一下，具体哪些特性能提升入侵性？

刘全儒：外来种的繁殖特性对其在新栖息地的种群建立几乎起着决定性作用。像紫茎泽兰，能通过有性生殖和营养繁殖的方式产生后代，即使在缺乏传粉者的情况下也容易定殖。尤其是能进行营养繁殖的那些植物，往往单次传入少数个体或者植株片段，就能建立种群。动物界也是一样，一些能进行无性生殖的物种，仅一次传入就有可能建立种群，它定殖所需要的**繁殖体压力**就很小了，很容易达到。

刘兵：刚才说的竞争力和可塑性水平，能不能举个例子，哪些物种比较厉害？

知识点

繁殖体压力

繁殖体压力是一种假说，有的学者认为它的大小决定了入侵发生的程度，与定殖概率之间存在正相关关系。公式是：繁殖体压力 = 传入次数 × 单次传入的平均数量。

赵亚辉：红火蚁（*Solenopsis invicta*）的竞争力往往强于本地蚂蚁，只要传入一只已交配的雌性蚁，就可能定殖。生态可塑性方面，比如空心莲子草，它的生态可塑性水平就很高，既能在水中生长，又能入侵陆地，所以即使传入的数量很少，也能迅速定殖。

刘兵：那入侵地本地种抵御入侵的能力是不是也会影响外来种的定殖？

刘全儒：你说得很对，本地种的竞争力如果不够强，外来种在资源的争夺上更容易占上风。

刘兵：你刚才还提到了生态系统被干扰的状况，前面我们说人类对森林生态系统的破坏给了紫茎泽兰

红火蚁（*Solenopsis invicta*）

足够的生存空间，是不是就属于这种情况？

刘全儒：对。入侵生物学中还有个概念叫“可入侵性”，是指本地生态系统抵御外来入侵的程度，抵御程度越强，这个地方的可入侵性就越低，被入侵的可能性就越小。

刘兵：生态系统的哪些特点会导致其可入侵性提高呢？

刘全儒：这有几个方面。第一，就是刚才说的生态系统被干扰的状况，这个干扰既包括人为干扰，也包括自然干扰。栖息地受到干扰后，通常有利于外来种建立种群，因为干扰能促进系统形成空余生态位，可供外来种利用，紫茎泽兰就是个典型的例子。第二，资源方面，如果这个地方存在比较多的可供外来种生长、发育或繁殖的资源，那么这里的可入侵性就比较高。这个比较好理解，因为物种多样性比较高的地方，本地种长期保持着对空间的高效利用，剩余的生态位比较少，外来种就很难建立种群。第三，就是外来种与本地种之间的竞争、抑制关系，也会影响该地的可入侵性。比如植物的化感作用，有些具有化感作用的植物在新入侵地生长几年后，会在其周围的土壤中富集大量的氮、磷，为自身生长提供足够的物质保障。但是，这些营养元素同该植物的根、腐烂落叶所释放的多种化学物质混合在一起，不能被其他植物利用，还会对周围的其他物种产生毒害作用。因此，这个生态系统的可入侵性就提高了。

刘兵： 回到前面长芒苋的话题，它主要的入侵地是哪里？

刘全儒： 苋属植物属于**伴人植物**，它只出现在人类活动的区域。我国首次发现是在北京市丰台区一个村庄的路边，后来沿着道路扩散蔓延。长芒苋适生性强，在旷野荒地、沟渠地边、河滩、耕地、村落边、仓库周围、加工厂、工地、铁路与公路边、港口、垃圾场和家畜饲养场周围等地都能生长。但是没有人类活动的地方，它不生长。伴人植物的形成与农作物的种植密切相关，通过农作物的种植、种子的交换、粮食的贩运，长芒苋的种子被夹带到各地。而且，长芒苋本身植株比较高，收获时容易和作物一起被收割，混在农产品中远距离传播。我国中东部和华北平原最适合它生长。

刘兵： 全球经济的快速发展为长芒苋等外来杂草入侵提供了更大可能。

刘全儒： 是的，目前欧洲、北美洲、南美洲、亚洲、大洋洲均有长芒苋入侵的报道，这和世界各国的频繁交流密不可分。主要体现在几个方面。首先，入境粮谷猛增，外来杂草入侵的机会大大增加了；其次，国际邮件和快件数量及入境旅客人数的急剧增加，为外来杂草的入侵提供了方便；再次，国内物流越来越发达，检疫的难度越来越大，也加速了长芒苋等外来杂草的跨省传播。

知识点

伴人植物

伴人植物是指在被人类活动破坏了原有植物或生境的地方，靠本身的适应和竞争能力而得以繁衍的一类植物，即只出现在人类活动地区的植物。常见的伴人植物有各种苋、葎草、猪毛菜、藜、马齿苋、荠菜、独行菜、繁缕等。

除草剂不管用了，还有别的办法吗?

刘兵： 我们普通人对长芒苋没有太大的反感，叶子还可以吃。它主要有怎样的危害?

刘全儒：其实苋属杂草是农业生产领域的恶性杂草，庄稼地里出现这个，基本很难有收成。我见过被苋属杂草入侵的玉米地，玉米的秆长得很细，基本没什么产量。在美国，长芒苋能让玉米减产 91%，大豆减产 79%，棉花减产 65%。长芒苋的植株富集硝酸盐，家畜过量采食也会中毒。

比较麻烦的是，长芒苋对广谱的除草剂具有耐药性。据美国报道，长芒苋在美国已经对 4 种除草剂产生了抗性，其中就有草铵膦。这是长期施用单一作用模式的除草剂不可避免的结果。

刘兵：美国除草剂用得比我们可多多了，如果长芒苋抗除草剂的话，那它对美国农业的影响是不是更大？

刘全儒：是这样的。

刘兵：不用除草剂，还有别的办法吗？

刘全儒：长芒苋每年每平方米新生超过 2000 株，只有防除效果达到 99% 以上的除草剂，才能有效地控制其危害。靠人工拔除不太可能，长芒苋的芒尖坚硬，人工拔除时容易被刺伤，而且效率比较低。如果不把苋属植物的根拔掉，只从根茎部剪断，它仍然可以开花结果，所以只割是不行的，必须拔掉。

刘兵：长芒苋危害这么大，为什么我们很少听说？谈到生物入侵时也很少会提到它。

刘全儒：我国发现长芒苋的时间不长，1985 年 8 月才首次在北京市丰台区发现，目前已经扩散到了很多地方，主要集中在京津冀，入侵最严重的地区还是北京。不过北京的农业并不发达，人们不靠种地为生，所以感触不深。

赵亚辉：老百姓对动植物的感受是不一样的，动物的危害更直观，对植物的关注度比较低。比如巴西龟之类的入侵动物，相关的宣传就很多。

刘兵：说起除草剂，我想起曾有科普文章提到过生物防治，提倡不用农药，比如以虫治虫，通过引入天敌来制衡。现在来看，这种说法是不是也缺乏生物入侵方面的防控意识？

赵亚辉：是的。类似的例子有很多，为了控制某一个外来种，引入另一个外来种，结果发现它来了之后不吃这个，改吃别的了。昆虫界的这种问题比澳大利亚的引狐狸吃兔子更普遍。

刘全儒：因为我们不能确定引来这个物种之后，会不会按照我们的想法去发展。

刘兵：这也算是一个认识上的进步，过去认为不用农药、采用生物防治就是进步，但现在入侵生物学又提醒了我们，这种方法也有风险，可能造成其他问题。

既是救命的药材，又是致命的入侵种

刘兵：类似的农田杂草还有哪些？

刘全儒：土荆芥（*Dysphania ambrosioides*）也是其中之一。

刘兵：我记得这是个中药材吧？

刘全儒：对，它是一种芳香性草本植物，被作为中草药使用，能全草入药，各地叫法不同。它有祛风除湿的作用，能治皮肤病，还能驱虫。

刘兵：这和小龙虾有共同点，都能为人所用，但同时在野外又形成入侵。土荆芥的原产地在哪里？

刘全儒：土荆芥原产地在美洲，是通过人类活动裹挟进入我国的。1864 年，我国台湾地区首次采集到标本，目前已经扩展到我国绝大多数地区，通常生长在路边、

土荆芥（*Dysphania ambrosioides*）

河岸等处的荒地以及农田中，目前也入侵了人工草坪。它的生命力和传播能力极强，能在短期内适应环境并占据生态位。它的种子产量特别大，而且不用经过休眠就能萌发，对土壤的要求也不高。在长江流域经常是杂草群落的优势种或建群种，种群数量大，对生长环境要求不高，极易扩散，常常排挤入侵地的其他植物，威胁当地的生物多样性。2010 年 1 月被列入《中国第二批外来入侵物种名单》。

土荆芥也具有化感作用，它向周围环境释放的化感物质具有细胞毒性，导致周围其他植物的种子萌发率降低，发芽速度变慢；植株根系变小，吸水、吸肥能力降低；生长受到抑制，植株矮小、瘦弱，争取阳光的能力受到限制，对地下与地上资源的竞争力被削弱。

刘兵：是不是正因为它对人类有价值，所以人们的种植加剧它的扩散？因为逸生的可能性增加了。

刘全儒：对，因为外来种形成入侵是一个慢慢积累的过程，短时间内看不出负面影响。而其暂时的可利用性和经济价值会驱使人们大量、迅速地传播它，从而造成大范围的严重危害。目前在很多地方，土荆芥已经滋生蔓延成农田果园里的有害杂草。对于小麦、水稻等重要作物，它的化感作用能抑制农作物种子的萌发，导致产量降低。而且研究发现，已经死亡干枯的土荆芥仍具有很强的化感作用，如果不彻底铲除，枯落物会对农作物造成二次伤害。

刘兵：你刚才说，土荆芥也入侵了人工草坪，这是什么原因？

刘全儒：前面讲紫茎泽兰的时候，我们提到过，人工造林树种比较单一，生态功能不够完善，为外来种的入侵提供了条件。人工草坪也是如此，城市园林绿地的生态系统大多不完整，缺乏对外来种的自然干扰机制，因此竞争力强的外来杂草一旦混入，很容易入侵成功。

刘兵：反正都是草，如果放任不管会怎么样？

刘全儒：人工草坪为了美观，整齐度是必需的。土荆芥这类杂草，在高矮、颜色、形状上都与其他草种不一致，草坪就会显得比较杂乱，自然影响美观。杂草多了，还会导致原本的草种枯死。而且有些草坪是具有生态功能的，比如有些是用来保护堤坝的，如果杂草成为优势种群，那草坪就会失去保护作用。比如我国很多河流、水库都采用结缕草作为护堤草，它能起到固土护坡的作用，被广泛应用于受洪水威胁巨大的长江大堤等地方。土荆芥等入侵杂草的出现，给长江大堤的安全带来了极大威胁。

刘兵：针对草坪杂草，怎样防治比较有效？

刘全儒：主要以人工拔除为主，但是效率低，对人力、财力需求高。一般建议在草坪建植前，先剔除杂草的根茎，或者对原有杂草进行火烧处理，防止其进一步繁殖。

刘兵：土荆芥既是药材，又是入侵种，类似的例子我还想到了一个——意大利苍耳（*Xanthium italicum*）。

刘全儒：意大利苍耳的确是入侵种，但它并不是中药材，它和苍耳虽然很像，但是两个物种。世界上大概有 20 多种苍耳类的植物，入侵我国的有意大利苍耳、刺苍耳（*Xanthium spinosum*）、北美苍耳（*Xanthium chinense*）等。意大利苍耳原产自北美洲，自从在北京市昌平区发现第一株意大利苍耳后，我国各个地区都开始出现，扩张速度非常快。它的药用价值未见报道，反而对我国农业、畜牧业造成了严重危害，主要祸害玉米田、棉花田、大豆田等，8% 的覆盖率就能使农作物减产 60%。而且它的幼苗有毒，牲畜误食的话就会中毒。它的果实带刺，沾在羊毛上，对羊毛的品质也会产生影响。一项针对霍尔果斯口岸进境原羊毛携带检疫性杂草疫情情况的研究显示，49 批样品中意大利苍耳的检出率为 100%。它被我国列为限制输入的检疫性杂草。它的主要入侵地都是人类活动非常频繁的地区，比如旅游景区、工厂厂区、高校校园之类的地方。

刘兵：从树林里钻出来，身上会沾很多这种小刺球。意大利苍耳之所以遍布人类活动区，想必和它的这种特点有关。

刘全儒：是的，动物和人类的携带是它扩散的主要方式。因为从北美洲跨越太平洋到我国，纯靠自然扩散是不可能完成的。意大利苍耳在全球 20 多个国家和地区都有分布，而这些地区都与我国有着广泛的贸易往来，这是它传入我国的一个关键因素。

它的种子很特殊，同一株植物的不同部位能产生两种不同类型的种子——上位种子和下位种子，分别发育

意大利苍耳（*Xanthium italicum*）

成上位植株和下位植株。上位种子体积小，休眠时间长，萌发晚；下位种子体积大，休眠时间短，萌发早。这个时间差很关键，环境适宜的时候，早萌发是一种优势，可以帮植株迅速占据可用空间，抢夺有限的资源。环境不利的时候，种子的休眠可以帮它逃避逆境，等到环境改善的时候，上位种子的后续萌发可以弥补种群数量，维持种群延续的稳定性。

刘兵：等于是有个时间错位，如果所有种子都早萌发，环境适宜还行，如果环境不利的话，种群就会面临灭顶之灾；如果所有种子都有休眠期，能躲避逆境，但是不能尽快占领生态位。

刘全儒：没错，错时萌发，可以提高种群生存率。

意大利苍耳（*Xanthium italicum*）

危害人类健康的“不速之客”

面对肆虐的入侵种，人类也无法“独善其身”。不少“入侵者”能通过各种方式危害我们的健康。豚草和三裂叶豚草所产生的花粉是引起人类花粉过敏的主要病原物；被红火蚁叮咬以后，皮肤会出现红斑或水疱，对其过敏者可能休克，甚至有性命之忧……

花粉过敏加重，是外来植物造成的吗?

刘兵：不知道你们有没有这种感觉，近几年身边对花粉过敏的人比以前多多了，这和外来植物有关吗?

刘全儒：严格来讲，跟外来植物有一定的关系。目前我国整体绿化建设越来越好，园林绿化面积越来越大，植物种类也越来越多。城市园林里经常引进一些外来植物，这可能是**花粉症**患者增多的一个原因。

刘兵：哪些外来植物容易引起过敏?

刘全儒：豚草（*Ambrosia artemisiifolia*）比较典型。豚草花粉是过敏性鼻炎、花粉症或皮炎的主要过敏原之一。豚草花粉不是通过昆虫传粉的，而是以风为媒介传播。一棵豚草植株一年可产生 1 亿 ~30 亿粒花粉，在干燥的天气里，花粉最远可以传播到 10 千米之外。所以，对豚草过敏的人，即使能躲开豚草，可能也躲不开豚草花粉。此前有人做过统计，502 例花粉症患者中，

豚草（*Ambrosia artemisiifolia*）

知识点

花粉症

花粉症俗称枯草热，是一种因吸入花粉而引起的过敏性疾病，常在春夏季出现。症状主要表现在鼻眼部，患者鼻部出现经常性鼻痒、阵发性喷嚏、大量水样鼻涕、鼻塞、嗅觉减退，双目瘙痒、畏光、灼热、流泪或眼睑肿胀，通常在早、晚较重，或在接触花草植物时突然发作，严重者伴有咳嗽及呼吸困难等症状。据国外有关资料，每立方米空气中存在 30~50 粒豚草花粉，就能诱发花粉症。其他主要致敏植物有向日葵、大麻、梧桐、蓖麻、杨树、榆树以及蒿属、苋属植物。

花粉症

85 例为豚草引起的，占 16.93%。美国每年因豚草患病者达 1460 万人。俄罗斯的克拉斯诺达尔市，每到豚草开花时，约有 1/7 的人因花粉过敏而丧失劳动能力；日本大阪每到六七月份，大批居民为躲避花粉而外出旅游。墨西哥的所有过敏性疾病患者中，有 23%~31% 是由花粉引起的。在我国，南京市的哮喘患者中，60% 以上是由豚草花粉引起的。我们前面提到的紫茎泽兰，它的种子带毛，也容易让牲畜吸入呼吸道引起过敏。事实上，只要有花，只要是外来种，就有可能引起人类过敏。

名不虚传的“南紫北豚”

刘兵：豚草最初是怎么过来的？

刘全儒：豚草是一种恶性入侵杂草，它原产自美国西南部和墨西哥北部的索诺兰沙漠地区。据说在二战时期，豚草的种子混在军马料里被带入日本。目前除了南极洲，其他洲都发现了豚草。20 世纪 30 年代，豚草从日本传入我国东北三省，还有一种说法是在我国与苏联的经济交往中传入东北的，总之都是无意识的引入。豚草扩散能力很强，可以随风、水流、动物和人类活动（人的鞋底）、粮油作物贸易、交通工具等四处传播。中国口岸经常从美国、加拿大、阿根廷等国进口的小麦、大豆中检出豚草种子。

刘兵：目前豚草在国内的蔓延情况是怎样的?

刘全儒：基本集中在我国东部地区，东北、华北、华东和华中约 15 个省区都有分布。它的繁殖力极强，种子存活力也强。豚草靠种子繁殖，一棵植株一年可产生 6000 多粒种子，个别庞大的植株一年种子量最高可达 3 万粒。种子具有钩刺，会粘在人的鞋底或动物的皮毛上，被带到别的地方。流水也能作为豚草种子的载体，种子随水漂流，漂到许多地方。很多入侵植物的种子都是这样，比如加拿大一枝黄花、微甘菊、紫茎泽兰、飞机草等这些入侵性很强的植物种子又轻又小，还有冠毛，非常适合风力传播。

豚草种子具有明显的**休眠性**，部分种子在土壤中埋藏 40 年依然能萌发。许多入侵植物经过多年积累，会形成一个种子库，里面的种子可以分期萌发，避免同时萌发可能带来的灭绝风险，环境适应能力非常强。

豚草的再生力也极强。茎、节、枝、根都可以长出不定根，扦插、压条后能形成新的植株，经铲除、切割后，剩下的地上残条部分仍然可以迅速重发新枝。豚草的适应性极强，能适应不同肥力、酸碱度的土壤，不同的温度、光照等自然条件，不存在“水土不服”的情况。

刘兵：豚草原产自沙漠地区，也就是说它可以在沙漠里生长，是吧？

刘全儒：对，它来自沙漠，根系庞大，所以吸水、吸肥能力极强。但是，温暖湿润的环境和肥沃的土壤更适合它生长。

知识点

什么是种子的休眠期？

多数植物的种子有一个“后熟期”，即新鲜的种子离开母体之后，在具备萌发能力之前需要先经历一定的休眠，其间即使遇到适宜的环境条件，比如温度、水分和氧气等，也不萌发。但不少入侵植物，尤其是入侵杂草，它们的种子没有休眠期或休眠期很短，新鲜种子可以直接或很快萌发，所以种群增长迅速。

刘兵: 除了会让人产生过敏，豚草对农作物有危害吗？

刘全儒： 生物入侵领域有“南紫北豚”的说法，指的就是南方的紫茎泽兰和北方的豚草，二者都是危害巨大的“植物杀手”。虽然叫“北豚”，但不是只在北方才有，南方很多地区也有，只不过它在北方危害更严重。豚草属有 41 种，在我国形成入侵并造成巨大危害的主要是豚草和三裂叶豚草（*Ambrosia trifida*）两种。

豚草属于农田杂草，它的种子容易混入其他种子中，一旦在农田里发芽，就会和农作物争夺养分和水分，严重影响农作物生长，特别是影响玉米、大豆、向日葵、大麻等作物，导致作物大面积荒芜，甚至绝收。有人统计过豚草对玉米产量的影响，1 平方米中只要有 30~50 株豚草，玉米就可减产 3~4 成；增加到 50~100 株，玉米就会颗粒无收。豚草对大豆也有影响，它的生长速度比大豆快，如果二者一起出苗，那到了第 8 周左右，豚草的株高就比大豆高出 25 厘米，它就能截获阳光，造成大豆减产。所以人们发现，只要在大豆生长季的前 4 周内控制住豚草，大豆产量就不会受到影响。

刘兵： 它为什么能有这么大的破坏力？

刘全儒：豚草传入之后，能在短期内提高入侵地的土壤肥力。我们发现，被豚草入侵后，土壤中的铵态氮、有效磷、有效钾等养分的含量会显著增加。而且它在争夺阳光、养分这些资源方面又比本地植物更有优势，所以它的植株能快速生长。而且，我们发现，豚草其实也是一种化感植物，它的植株内含有吲哚类化感物质，对禾本科和阔叶植物的种子萌发和生长具有很强的抑制作用。所以总体来说它的竞争力很强，容易在入侵地存活下来并进一步扩散。

刘兵：前面说的三裂叶豚草，和豚草的区别在哪里？

刘全儒：三裂叶豚草算是豚草的“堂兄弟”，它的叶片呈三裂状，所以叫三裂叶豚草。它比豚草更粗更高，最高可达 3 米。它的花粉中含有水溶性蛋白，与人接触后迅速释放，引起过敏反应，是花粉症的主要致病原之一。三裂叶豚草也被许多国家列为重点检疫对象。

刘兵：刚才提到口岸经常从小麦、大豆中检出豚草种子，是怎么检测出来的？

刘全儒：主要是通过对来自疫区的农产品、苗木等入境物品进行严格筛查，对种子形态进行识别以及物质鉴定，

三裂叶豚草（*Ambrosia trifida*）

这是目前比较有效的途径。比如，天津海关曾经发现燕麦种子中混有少量细小的椭圆粒种子，经实验室进一步鉴定，发现这就是豚草种子。其实不只是口岸，对国内不同地区之间的货物流通也应该加强检疫，阻断、隔绝和控制豚草的进一步传播蔓延。在豚草发生区，对农产品、苗木等应该进行严格的产地检疫和调运检疫，以免豚草种子混入这些农用物资而传播到新的地区。同时，还应加强对入境的各种交通工具、游客行李及各种货物的检查，防止无意带入豚草种子。

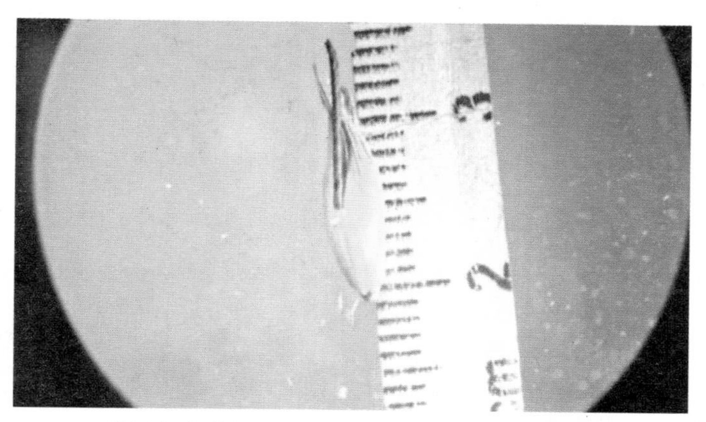

2020 年 3 月 16 日，天津海关在一批从美国入境的燕麦种子中检出检疫性有害生物豚草，在燕麦种子中检出这种有害生物在全国口岸尚属首次

（图片来源：https://news.sina.com.cn/c/2020-03-24/doc-iimxyqwa2856605.shtml）

知识点

豚草为什么会导致土壤干旱？

豚草的耗水量是农作物的 2 倍。如果 1 平方米土地上有 10 株豚草，那么 1 公顷土地上水的损耗量多达 24 吨，相当于 200 毫米的降雨量，这足以导致土壤干旱。

刘兵：我们目前的防治效果怎么样？

刘全儒：2003 年，我国提出了“南紫北豚”的综合治理措施，即以生物防治为主，结合人工拔除、化学防除。

在一些零星发生、个体数量不大的新入侵地区，可以采用人工拔除或割除的方法来根除豚草。人工拔除需要在苗期，就是 5 月下旬到 6 月末，不过成本高，还得小心避免吸入花粉。也可以将收集的种子用压路机碾压，可以将种子的生产力降低 74%，这是比较好的办法。

我国自 20 世纪 60 年代中期开始，先后从国外引进了 5 种天敌昆虫，经过实验，确定了两种比较适用于我国的，分别是豚草条纹叶甲和豚草卷蛾。与豚草条纹叶甲相比，豚草卷蛾不仅能控制豚草，也是三裂叶豚草、银胶菊等恶性杂草的天敌，而且其在农作物和其他杂草上不易寄生，具有寄主专一性、生态适应性较强、种群发展速度快和控害能力强等特点，是控制豚草的“完美”天敌。

化学防治方面，喷洒除草剂防除豚草，省工、省时、省力，是比较实用的方法。优点是防治面积大而且见效快，可用于在果园、非耕地、城市公园、居民区等零星分散的豚草群丛，防治效果 95%~100%。但由于豚草种子具有休眠的特性，进行一段时间的化学防治后，在原地仍会有豚草种子萌发，且长期大量使用除草剂不仅会造成环境污染，还会破坏生态平衡。

替代种植也是一个好办法。豚草一般沿交通要道扩散和蔓延，在扩散前沿地带，层次性、间隔性地种植一些替代性的具有竞争力的小灌木，比如紫穗槐、沙棘、紫丁香、胡枝子等，可以起到绿化和拦截豚草的作用，阻止豚草传播蔓延。在河滩、荒地、水流两侧等豚草重灾区，可以种植具有经济价值的多年生牧草，比如羊草、赖草、芦苇等，能控制豚草花粉源和种子扩散源，不仅能长期抑制豚草，提高环境质量，还能获取经济产品，提高经济收益。

入侵种暴发前，我们如何发现？

刘兵：聊到现在，已经是第五天了，我一直有种感觉，我们总是很被动地跟在外来种后面，研究它究竟造成了多少损失，带来了哪些危害，怎么通过有限的治理措施把危害降到最低。但是，每个外来种刚传入的时候，是毫无征兆的吗？我们能不能发现得再早一点？

刘全儒：外来种进入并定殖后，不会立刻暴发，而是有一个潜伏期。因为它需要适应新的环境，并且根据环境进行自我调整。这个调整需要一个过程，在这个适应的过程中，它的种群增长量不大，处于潜伏的状态。入侵生物学中把这个过程称为停滞期，也就是潜伏期，这是继外来种传入、种群建立之后的第三个阶段。

刘兵：不同物种潜伏期肯定不一样。最长和最短的分别是多久？

刘全儒：有些种类的潜伏期非常短，只需要几个世代就可以，有些则需要经历上百年甚至更长时间。

刘兵：潜伏期的长短具体受哪些因素的影响？

刘全儒：首先是繁殖方面，我们对互花米草的研究发现，它最初在北美洲西海岸扩张得很慢，大约经历了100年的潜伏，原因可能是低种群密度下它的授粉率下降，进而导致种子产量非常低。但一旦突破这个“瓶颈”，很快就迎来大扩张。英国沿海地区的互花米草经过了40年的潜伏，通过与本地种欧洲米草（*Spartina maritima*）杂交，变成了新物种大米草（*S. anglica*），迅速扩张开来。

刘兵：这在动物方面就好理解了，刚传入的时候也难以发现配偶。

刘全儒：是的。外来动物种群增长缓慢一般与它传入后一段时期内密度较低而难以发现配偶有关。第二个原因，植物可能缺少传粉者。有个例子，刚传入美国佛罗里达州的无花果在数十年内都没有扩张，后来给它授粉的无花果小蜂出现了，几年内该地区的无花果就迅速蔓延开来。

刘兵：除了传粉者，其他诸如气候、温度、湿度等环境因素，是不是也会制约它的增长和扩散？

刘全儒：你说得很对。物种在最佳生境中，它的种群数量增长迅速，而在次佳的环境中，它的数量增长和扩张会减缓。而一旦条件变得适宜，或是它产生了适应性进化，种群可能在短期内扩大分布范围。再者，和遗传多样性也有一定关系。定殖后的一段时期内，外来种的遗传多样性往往很低，难以发生进化。经过较长的潜伏期后，外来种积累起了足够的遗传基础，发生适应性进化，这时种群就会开始迅速增长并扩张。

刘兵：我们目前能不能发现这个潜伏期？如果能发现，就可以早一步控制住外来种的扩散。

刘全儒：的确，处于潜伏期中的种群密度较低，所以这是控制外来种扩张的重要机会。但现实中，潜伏期间人们往往发现不了，或者发现了但不知道是什么机制在起作用，是什么导致它暂时无法扩散。所以难以有针对性地实施防控措施，也就错失了防控的关键时机。

伤人的红火蚁，颠覆了我们对蚂蚁的认知

刘兵：谈到豚草对人类健康的危害，我还想起这两年新闻报道比较多的红火蚁（*Solenopsis invicta*），它会咬人，有些人被咬后可能有生命危险，所以社会各界对它的讨论比较热烈。

刘全儒：最近我在海南就领教了，被咬后非常疼，必须马上处理。它会钳住人的皮肤，连蜇好几下，形成环形或者一串，同时释放毒液。被咬部位十分刺痛，有灼烧感，之后出现水疱，十几小时后形成脓包。

刘兵：我看过相关报道，在 2018 年的同一个月份，先后两个人被红火蚁叮咬，短时间内就出现了全身瘙痒、头晕、胸闷的症状，送医之后，医院按照过敏性休克抢救，后来救过来了，但当时情况还挺危急的。

刘全儒：红火蚁的毒液有很强的致敏性，大约不到 1% 的人被蜇伤后会出现过敏反应。虽然比例不高，但还是得重视。经常在野外考察的人，尤其是那些易过敏

的人，要随身携带抗过敏药和蛇药，以防被咬伤离医院太远。

刘兵： 这种情况显然超出了我们对蚂蚁的认知。

赵亚辉： 红火蚁和我们常见的蚂蚁是近亲，体形比普通蚂蚁大，成虫体长 3~6 毫米，攻击性特别强。有人做过实验，触动红火蚁的蚁巢后，兵蚁和工蚁迅速出动，四处搜寻入侵者，并进行攻击。有人试着用树枝插入蚁巢，10 秒内就有十几只红火蚁爬上树枝，不断叮咬、蜇刺。

刘兵： 红火蚁是世界性入侵种吗？

赵亚辉： 是，红火蚁原产自南美，传入我国之前，在北美已经造成了很大的麻烦。约 4000 万美国人生活在红火蚁入侵地区，每年有数以万计的人被咬伤。IUCN 将其列为 100 种最具威胁的入侵种之一。这个名单里还有 4 种蚂蚁，都具有很强的入侵性。它们有共同的特点，比如杂食性，具有攻击性，与本地蚂蚁相比具有很强的竞争力，会捕食本地种，甚至危害脊椎动物、非脊椎动物，为害植物群落。

刘兵： 我国的红火蚁分布区主要在南方吧？

赵亚辉： 红火蚁在我国最早出现在台湾，刚发现的

红火蚁（*Solenopsis invicta*）

时候，很多人被咬伤，门诊数量剧增，还出现过因红火蚁叮咬而死亡的案例。当时报道铺天盖地，当地政府将其列为“疫情”。由于红火蚁适合生活于温暖、湿润的环境中，所以在南方扩散迅速，很快大部分地区都有了。截至2021年，全国12个省区都发现了红火蚁。研究人员在广东省吴川市做过调查，情况比较严重的村庄里，被调查的很多村民身上都有红火蚁叮咬的伤疤。有个片区6000人中有4000多人被咬过，其中病情比较严重就医的200多人，可见情况比较严重。北方相对少一些，因为干燥和低温是限制红火蚁生长和扩散的主要因素。冬天温度降低时，红火蚁的活跃程度明显降低，扩散、危害程度会轻一些。

刘兵：红火蚁是怎么传入我国的？

赵亚辉：红火蚁首次入侵发生在美国，普遍认为是随贸易货物入境的，然后通过苗木的运输，在美国各个州扩散，现在已经在美国的11个州建立了种群。种群的自然扩散多发生于有流动水源的地方，伴有季节性洪水泛滥的地区很容易被红火蚁入侵，红火蚁种群可以在漂浮物上存活几个星期而扩散到其他地区。我国台湾学者认为，红火蚁入侵我国大概是1999年，一开始并不严重，2004年突然暴发，不断侵入人群密集的居住地。人们在苗木和空的拖车、卡车里都曾经发现过红火蚁，

知识点

被红火蚁咬伤的处理方法

抬高患处，并用冰敷或冷敷；用肥皂水清洗患处，局部涂类固醇药膏或口服抗组胺剂来缓解瘙痒肿胀的症状；严重时应该立即去医院救治。注意千万不要挠破水疱。在有红火蚁的地方，要穿能包裹脚趾的鞋、袜子，记得戴手套。远离红火蚁的蚁巢。

这都是红火蚁入侵的重要途径。

刘兵：又是随人类活动扩散的典型物种。

刘全儒：是的。新建人工草坪也是红火蚁扩散的重灾区。现在绿化手段非常便捷，一块块的人工草皮像铺地毯一样，使新建小区、公园迅速完成绿化。这些草皮裹挟着虫卵、微生物等，很容易造成入侵种的扩散。而在这样一个新的环境中，本地蚂蚁定殖、建立种群的速度远不及红火蚁，就被排除在外了。

赵亚辉：红火蚁的繁殖速度本地蚂蚁拍马难及。红火蚁原本是单后型的，也就是一窝蚂蚁里只有一只蚁后。但后来不知是不是基因突变，在它入侵各国前出现了多后型蚁巢，规模更大，产卵更多，工蚁数量也更多，增强了它的入侵性。

红火蚁破坏力有多强？

刘兵：红火蚁蜇人，那它肯定也蜇其他动物吧？

赵亚辉：没错。美国这方面的报道很多，比如袭击水鸟、小燕鸥以及海龟的卵和幼仔，还能使小牛、小猪等家养动物死亡。前面我们讲过，红火蚁会捕食本地蚂蚁，取代本地优势种。研究证实，在红火蚁建立蚁群的地区，蚂蚁的多样性比较低。很多本地植物和本地蚂蚁之间存在共生关系，植物靠蚂蚁来扩散种子，红火蚁使本地蚂蚁数量大幅减少，间接导致种子得不到有效扩散。另外，它还捕食为植物传粉的蜜蜂，这也对本地植物造成了不利影响。红火蚁还会改变土壤的理化性质，使土壤中的氮和磷减少，钾和酸度上升。

红火蚁直接为害植物的例子也很多。比如，它吃种子，会取食并破坏向日葵、黄秋葵、黄瓜、大豆、玉米、茄子的种子和果实，为害幼苗，造成产量下降。美国的一组数据显示，佛罗里达州茄科植物因红火蚁为害产量下降了 50%，德克萨斯州向日葵因其为害产量最高下降了 40%。

刘兵：我看新闻里说，红火蚁还会出现在电子设备集中的区域，造成设备短路等故障。

赵亚辉：是的，红火蚁经常在电子设备中大批滋生，会咬掉绝缘层或携带泥土进入设备，造成短路，还会破坏灌溉系统。据估算，每年红火蚁对美国南部地区电气和通信设备的破坏造成的损失达几十亿美元。

全国范围的治理行动

刘兵：我记得 2021 年，国家对红火蚁采取过专项治理行动，当时采取的手段主要有哪些？

赵亚辉：对，当时由我国农业农村部牵头，九个部门联合在全国范围内启动了红火蚁的联合防控行动。针对受灾程度的不同，采取了不同的措施。在还没发现红火蚁入侵的地区，加强预防，比如，积极监测进口物品，控制容易携带红火蚁的媒介物质，像土壤、草皮、干草、盆栽植物、带有土壤的植物以及运输土壤的容器等；针对红火蚁喜欢的生境，像水边、公园、草坪、绿化带、高尔夫球场、苗圃、果园等进行调查监测，以便在大规模扩散前及时控制。

刘兵：判断一个地区是否有红火蚁入侵的标准是什么？只要发现就算，还是需要达到一定的规模？

赵亚辉：通常只要发现了一处，就要密切监测，调查规模以及是否已经定殖，因为初期的扩散很难被发现。

刘兵：那确定了入侵地之后，具体都有哪些治理措施？

赵亚辉：对于红火蚁入侵地，治理措施可以分成两步。第一步，每年春季是红火蚁第一个活跃期，可以在红火蚁高密度区全面使用由缓效杀虫剂和玉米粒、豆油等蚁类引诱材料混合制成的毒饵；在蚁巢明显、密度低的区域，也可以先用粉剂破坏蚁巢，待工蚁大量涌出后迅速将药粉均匀撒在工蚁的身上。这个方法只能用于治理比较明显的蚁巢，不适合治理散蚁、不明显的蚁丘。第二步，在发生区域局部补施毒饵。一般在气温比较高的晴天使用毒饵，高温季节可在傍晚或者上午进行，低温季节则在中午进行。对于红火蚁发生区的种苗、花卉、草坪（皮）等物品，调出前必须经触杀性药剂浸渍或灌注处理，以免扩散。每年的第一次防治必须全面、周到。

刘兵：这些方法会不会对本地蚂蚁造成误伤？

赵亚辉：会，所以对种群和蚁巢的识别是关键的一步。参与红火蚁防控的工作人员需要具备识别红火蚁和普通蚂蚁的能力，这点对于保护本地蚂蚁是非常重要的。

红火蚁的野外蚁巢

除了红火蚁，还有更麻烦的小火蚁

赵亚辉：华南农业大学有个红火蚁研究中心，2022年，该中心在广东省汕头市发现了另一种极具破坏力的物种——小火蚁（*Wasmannia auropunctata*），这是小火蚁野外种群在我国大陆的首次记录。

刘兵：红火蚁还在扩散，又来了个小火蚁。它和红火蚁什么区别？

赵亚辉：先说相同点，它俩是 IUCN 收录的 5 种危害性最严重的入侵蚂蚁的其中之二，也是最具破坏力的100 种入侵种之二；原产地都是南美洲；都能通过蜇刺让人产生疼痛感。小火蚁其实不属于真正的火蚁，它叫“金刻沃氏蚁”，体形比红火蚁小得多，最大也不过 1.5 毫米，比我们见过的大多数蚂蚁都小，所以识别起来比较困难，可以采用手机的放大功能查看其颜色、腹部形态和螯针等，进行初步判断。

刘兵: 被它蜇了，身体的反应像红火蚁那样剧烈吗？

赵亚辉：它的毒液也很厉害，研究人员发现，小火蚁的毒液可以使被它叮咬的人类、动物出现点状角膜病变。不过，好在它体形小，单次蜇伤注入的毒液量比红火蚁少得多，所以感觉上没那么疼，但前提是别被一群蚂蚁蜇。目前相关伤害的实例并不多，具体会造成何种程度的影响，还需要进一步确认。

刘兵：目前小火蚁的入侵情况怎么样？

赵亚辉：其实早在2018年，我国口岸就截获过小火蚁，是连云港海关的工作人员在对一批从泰国进口的柚子进行检查时发现的。2022年首次记录到了小火蚁的野外种群，不过还不能确定这到底属于偶发事件还是已经形成定殖，也不能确定在其他地区是否有小火蚁入侵。但是，小火蚁在入侵前期具有很强的暴发力，而且扩散初期难以发现。

刘兵：红火蚁也好，小火蚁也好，在防治措施上，该注意哪些？比如，怎样才能避免它们卷土重来？

赵亚辉：小火蚁可以通过克隆的方式繁殖蚁后，也就是说，即使只剩单个蚁后，蚁巢也能死灰复燃，所以灭杀必须彻底，而且要进行多次回访。在对付入侵蚂蚁的时候，我们应该充分利用本地蚂蚁，因为真正预防或减缓入侵还是得靠它们。所以消灭入侵蚂蚁的时候，应该对其进行精准识别，避免殃及无辜。

知识点

小火蚁的独特外观

第一，小火蚁既没有普通蚂蚁的黑色，也没有红火蚁的红色，而是黄色的。

第二，它的后腹部的螯针很明显。

第三，工蚁胸部的背面有两根非常尖锐的刺。像这种特别小的蚂蚁拥有这种尖刺的不多，一般都是大一点的蚂蚁才有。

第四，小火蚁胸部和后腹部之间有两个结节，结节的腹面还有突起。

第五，头部的触角沟（能够把触角收纳起来的地方）既显眼又很长，可以直达头部的后缘。

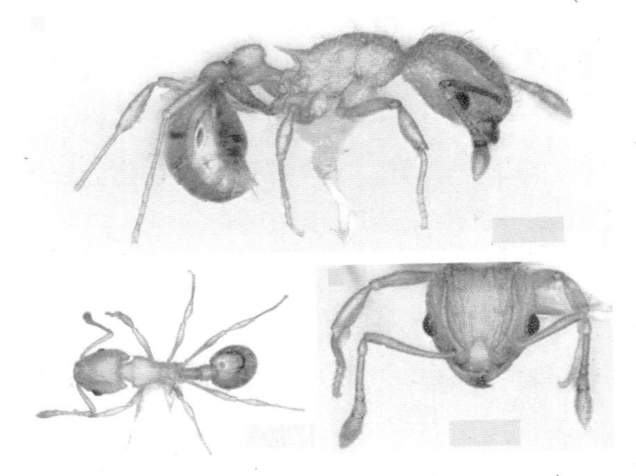

小火蚁（金刻沃氏蚁，*Wasmannia auropunctata*）

【图片来源：CHEN S Q, ZHAO Y, LU Y Y, et al. First record of the little fire ant, *Wasmannia auropunctata* (Hymenoptera: Formicidae), in Chinese mainland[J]. Journal of Integrative Agriculture, 2022, 6(21): 1825-1829.】

从受人追捧到泛滥猖獗

剑有双刃，物有两面。许多外来种从受人追捧到惹人厌弃，也就短短几年或几十年的时间。曾经美如“凤眼”的水葫芦，如今沦落到猪也嫌；曾是“灭蚊能手”的食蚊鱼，如今却成了“多面杀手”……“引种”的得与失，全看如何驾驭这把“双刃剑”。

让人欲罢不能的双刃剑

刘兵：水葫芦我们听得就比较多了，它是主动引入还是被动引入的？

刘全儒：水葫芦，中文学名叫凤眼莲（*Eichhornia crassipes*），它的花瓣呈淡紫红色，中间蓝色，蓝色中央有一个黄色的圆斑，像“凤眼”一样，因此得名。它是我们主动引入的水生生态系统的入侵者，是恶性水生杂草，被列为全球 100 种最具威胁的入侵种之一。

刘兵：它是怎么入侵过来的？

刘全儒：水葫芦原产自巴西亚马孙河流域。它的入侵历史比较清晰。19 世纪以前，水葫芦只在南美洲分布，19 世纪末逐渐北移，传到加勒比和中美洲许多国家。水葫芦首次出现在美国，是在 1884 年美国新奥尔良的一个花卉博览会上，当时很受欢迎，被喻为“美化世界的淡紫色花冠”，被分发给与会者，可能就是从那之后，水葫芦开始在水生花卉中扩散，并逐渐扩散到世界各地。

水葫芦（凤眼莲，*Eichhornia crassipes*）

1901 年，我国台湾将其作为观赏类花卉从日本引种，可能香港也有，但当时只是零星引种，并不成规模。20 世纪 10 年代，在台湾、广东、广西均发现了水葫芦的野生种群。到 1949 年，水葫芦已经是浙江省杭嘉湖地区和广东省珠江三角洲地区十分常见的水生植物。真正的规模引入是 20 世纪 50~70 年代，当时我国粮食短缺，农民将其引种过来喂猪和鸭子等，随后作为饲料被大面积推广，放养在南方的湖塘水泊。再后来我国迎来改革开放，人们开始进口饲料，不再用水葫芦做猪饲料了。

刘兵：什么时候发现它具有危害性的？

刘全儒：在用它作饲料期间，人们就发现它繁殖迅速，严重的时候会堵塞河道，那时就将其归类为害草。它主要是无性生殖，幼苗一年内可以产生 1.4 亿分株，能铺满 140 公顷的水面，繁殖力非常可怕，而且对 pH 和养分的耐受范围非常广，适应力非常强。它对水体的养分含量很敏感，养分越高，它的生长繁殖越快。我们工农业生产中排放的污水和产生的垃圾都会使水中的养分含量增加，更加剧了水葫芦的暴发。

刘兵：前面我们提到了好几种能进行**营养繁殖**或**无性生殖**的入侵种，像紫茎泽兰、加拿大一枝黄花，还有这个水葫芦，这种繁殖方式是不是入侵种的一个普遍特质？

刘全儒：植物繁殖能力与入侵能力通常成正相关，繁殖能力越强，入侵能力往往也越强。而入侵种中，采用营养繁殖或无性生殖的物种比例往往高于本地种类。这些能进行无性生殖或营养繁殖的植物具有很强的入侵性，传入后能快速建立庞大的种群，而且通过土壤携带等途径，它的营养体极易传到其他地方，从而实现空间上的快速扩张。像空心莲子草、紫茎泽兰、加拿大一枝

水葫芦泛滥

黄花、水葫芦、互花米草、微甘菊等，它们既能进行有性生殖，又能进行营养繁殖或无性生殖，因此繁殖速度惊人。比如水葫芦，它在适宜条件下，每 5 天就能繁殖出一个新植株，植株数量呈几何级增长。

对加拿大一枝黄花的研究发现，在定殖阶段或建群初期，它们倾向于有性生殖方式，而在种群维持和增长阶段，有性生殖的比率逐渐下降，营养繁殖开始起主要作用。在长距离扩散中，有性生殖的作用相对较大，因为有性生殖可以产生大量种子，有助于扩散到更远的地方。

刘兵：水葫芦也是人为引种的典型。

刘全儒：一开始是随人为引种栽培而传播，后来因为它的植株漂浮于水面，可以随风或水流移动，所以也存在无意传入的因素。

刘兵：目前水葫芦主要分布区在哪里？

刘全儒：水葫芦广泛分布于热带、亚热带和温带的淡水水域。我国华北、华东、华中和华南的各省市都有广泛分布，最北至少到了河北南部、黄河流域以南。其中，云南、广东、福建、台湾、浙江等地区水域受到的危害比较严重。

知识点

有性生殖、无性生殖和营养繁殖

植物的繁殖方式一般可分为有性生殖、无性生殖和营养繁殖。有性生殖是指由植物产生有性生殖细胞，即配子，配子两两结合形成合子，然后再由合子发育成新个体。无性生殖是指植物体所产生的生殖细胞不经过有性结合，而是直接发育成新个体。营养繁殖是指植物的营养器官（根、茎、叶）具有再生能力，当它们的某一部分从母体分离后，在适当条件下可以直接长成一个新个体。

死后加剧水体富营养化

刘兵：它的危害主要是对生态系统的危害吗？

刘全儒：对，因为水葫芦是水生植物，大面积暴发时会堵塞航道，被它完全覆盖的河面，水流速度能降低60%~80%，船根本没法通行。

赵亚辉：我看过一个新闻，说福建省古田县水口镇的一个河道被水葫芦覆盖，养殖户在260个网箱里

养的 20 多吨的花鲢全部死掉，损失非常惨重。

刘全儒：对，因为它会造成水中缺氧，而且它可以生活在富营养化的水体中，死亡后会进一步加剧水体的富营养化，加重水体污染程度。昆明的滇池受影响就比较大。20 世纪 60 年代以前，滇池的水生植物有 16 种，水生动物有 68 种。20 世纪 80 年代，水葫芦在滇池泛滥，水体环境恶化，16 种水生植物几乎灭绝，68 种水生动物中有 38 种濒临灭绝。

人工打捞水葫芦

刘兵: 我在新闻里看到过人工打捞水葫芦的场景，打捞上来的水葫芦怎么处理？对我们有用吗？

刘全儒： 在水葫芦长得很茁壮的时候采用打捞的方式人工回收，可以做成有机肥，这样既能解决水体富营养化问题，又能解决水葫芦泛滥、河道淤堵的问题。

刘兵： 那这样是不是可以带来一定的经济效益？

刘全儒： 这里我们不能忽略其中的成本问题，如果做成有机肥的经济效益覆盖不了人工成本，那就不划算了。

刘兵： 假如这时候把生态价值也估算进去，是不是就值得了？

刘全儒： 是的，但这就涉及成本由谁来出的问题。

赵亚辉： 就像小龙虾，如果我们没有养殖，只靠人工去捕捞自然界中的小龙虾来吃，那现在一只小龙虾的成本会增加很多倍，也就无法形成产业，人们更不会去计算这其中的生态价值，这属于两个层面的问题。

刘兵： 对于水葫芦，现在我们有什么解决办法？

刘全儒： 水葫芦、水盾草（*Cabomba caroliniana*）、空心莲子草等都属于水生生态系统的入侵种，治理上还

清除水葫芦的重型机械

是很难的。不过好在它们容易打捞，比陆地植物易于清理，所以目前最好的办法还是人工打捞。再有一点，我们把水葫芦移出水体后，对改善水体环境也有好处，特别是富营养化的水体。接下来的问题就是如何控制成本和合理利用。目前有些企业专门收集水葫芦生产一次性餐具。

让滇池散发恶臭的水白菜

刘全儒：和水葫芦比较类似的例子还有水白菜，能喂猪，还能入药。

刘兵：水白菜也是入侵种？

刘全儒：水白菜就是大薸（*Pistia stratiotes*），《本草纲目》里记载过这种植物的药效。它原产自南美洲，不耐寒，对温度有要求，低于5℃就会死亡，所以南方省份是重灾区。大薸也被列入了全球100种最具威胁的入侵种名单。

水白菜（大薸，*Pistia stratiotes*）

刘兵：它是怎么传入的？

刘全儒：据说是被人带过来的。它的样子比较好看，像莲花宝座一样，产量高，营养价值也高。《中国植物志》清晰地记载了大薸较高的营养价值，并指出它是良好的猪饲料之选。20 世纪 50 年代起，我国开始大力推广种植大薸作为猪饲料。但效果并不好，因为猪并不爱吃。后来又发现它可以净化水质，因为它的须根很发达，吸收能力很强，可以吸收污水中的有害物质和过剩的营养物质。但随后人们发现，它的根很容易腐烂，腐烂之后，根吸收的那些有害物质还是会返回水体中。要想用它来净化水质，必须在根腐烂之前将其打捞上来。

刘兵：它作为药材可以推广应用吗？

刘全儒：它能祛风发汗，利尿解毒。但是刚才我们也说了，它的根能吸收水中的有害物质，所以也存在重金属等有害物质富集的问题。如果搞不清楚它的来源，入药还是有风险的。

刘兵：那它对环境有什么危害呢？

刘全儒：它的危害和水葫芦差不多，因为繁殖能力很强，在水体中连片生长，将整个水面覆盖住，完全阻隔光线，阻塞航道。而且它的根系会消耗水中的氧气，使水中缺氧，导致水中生物难以生存。

赵亚辉：夏天它的根腐烂之后臭气熏天，记得那会儿昆明的滇池就因为它变得恶臭。当地政府投入数百亿元治理，效果也不理想。

刘兵：既然谈到水生生态系统，我们再来详细聊聊水，因为水在我国一直是个重要话题，比如淡水资源不充分、水污染等问题。除了工业、生活造成的水污染之外，入侵生物也给水带来影响，除了水质、航运等，还有什么影响？

泛滥的水白菜

赵亚辉：工农业污染本身就会给水葫芦这类入侵种提供营养源，如氮、磷等，也会加剧它的暴发。水污染控制好了，水葫芦也许不会暴发，这也从另一个角度说明人类活动对自然的影响。除了入侵种，很多本地种对水利工程也有影响，比如南水北调过程中，淡水壳菜（一种软体动物）会着生在水利管道上，对供水安全产生影响。这些都是水生生物对于水利设施的影响。

刘兵：也就是说，工农业排放对水的污染，导致原有的生态系统被改变，变得有利于入侵种的繁衍扩散，而这些扩散又进一步影响着生态系统。

赵亚辉：是的，甚至还会产生叠加放大的效果。

刘全儒：而且不只是水体，陆地上也一样。我们发现，土壤的营养成分改变会促进外来种的定殖。一般土壤肥沃，比如碳、氮、磷含量比较高的地方，特别是经过人工施肥后的土壤，能明显促进一些外来种的定殖。

刘兵：这里能不能解释得清楚一些，土壤营养含量高了，对本地种来说不也是一种促进吗？为什么反而有利于入侵？

刘全儒：事实上，土地营养成分的改变打破了本地

水葫芦阻塞河道

种长期形成的营养平衡，它的密度、生物量甚至物种多样性都会降低。而且，人们发现可用氮的增加对一些入侵种的促进作用往往会超过本地种。这两方面加在一起会间接地促进外来种的入侵。

还有，过度放牧也会削弱本地植物群落的生存能力，降低它们对土壤养分等资源的消耗，外来种的可用资源就相应增加了。比如澳大利亚半干旱草原上有一种入侵植物叫车桑子，它在茂盛的草原中不能建立种群，却能

在因为过度放牧遭到破坏的区域频繁建立种群，这和本地植物减少从而对土壤养分的利用下降有关。

恶性杂草——空心莲子草

刘兵： 刚才提到的空心莲子草（*Alternanthera philoxeroides*）和水盾草，也是入侵种？

刘全儒： 是的，它们都是恶性入侵杂草，而且都是两栖的，在浅水处可以生长，在苗圃、绿地、荒地也能长，现在在北京已经可以越冬了。空心莲子草，也叫喜旱莲子草，人们喜欢叫它“水花生”。它原产于南美洲的巴拉那河流域，1940 年，由日本人引种至上海郊县作为饲料，后来逸生了，这是一种说法；还有人说首次传入时间不晚于 1930 年。总之，传入时间大体是在二十世纪三四十年代。20 世纪 50 年代初，它被作为猪饲料在我国广泛推广。1955 年我国把它作为稻田覆盖物使用，用于稻田育秧，保持土壤肥力。到 20 世纪 80 年代它开始

空心莲子草（喜旱莲子草，*Alternanthera philoxeroides*）

泛滥，目前已经失控，到处都是。它营养繁殖能力很强，只要地上茎和地下茎任何片段的个体生物量超过0.1克，或其繁殖体大小超过 0.06 克，都能在适宜的环境下萌发形成新的植株。水流和人类活动对它的繁殖和生长不会有任何影响，相反，受到干扰和刺激之后，它会产生大量不定根和芽，极易扩散和传播。它可以随农产品、果蔬、苗木等的运输或水流远距离传播。有的地区曾尝试将其作为草坪的草种引入，结果这些草种慢慢排挤本地草种，变成优势种，目前成为草坪管理的一大难题。空心莲子草也曾被当作地被植物推广，因为它有根状茎，俗话叫“串根”（根相互缠绕在一起）。

刘兵：既然它的适应力这么强，应该可以作为绿化植物吧？

刘全儒：它虽然是两栖类植物，但偏湿生，需水量很大，缺水能活，但是长得不好。在河岸生长没问题，但是公园里干的地方就不行了，往往湿的地方比较密集，干的地方长得不好，满足不了绿化的要求。

刘兵：它这个两栖性比较特殊，所以容易入侵成功。

刘全儒：其实它在原产地并不是两栖的。这叫生物的表型可塑性，很多植物具有很强的表型可塑性，能适应各种不同的环境，由此成为世界性的入侵种。空心莲子草在原产地主要分布在淡水中，但在许多入侵地的旱地上也能生长，这是因为它能在形态结构、生理方面发生许多可塑性变化。比如，旱生条件下，它会出现叶片角质层增厚等一系列改变，有利于它在干旱条件下生存。

赵亚辉：动物也有表型可塑性。像克氏原螯虾，它入侵到美国俄勒冈州南部，在那里与当地的信号螯虾

信号螯虾（*Pacifastacus leniusculus*）

（*Pacifastacus leniusculus*）一起时，克氏原螯虾能改变自身对隐蔽场所的占用行为，使其利用隐蔽场所的能力与信号螯虾“势均力敌”。当它单独存在时，就没有表现出这一可塑性。

刘全儒：我还想到一件事。本来空心莲子草是南方才有的入侵种，后来是南水北调这些水利工程给它向北扩散提供了通道，我们北方就也有了。

刘兵：大坝这些水利设施的建设，从生态伦理学角度看，给生态环境和物种的生存带来了很大影响。现在从生物入侵领域看，这些设施的影响也是很大的。

刘全儒：当然。三峡大坝的建设工程干扰了周围生态系统，加剧了水葫芦、空心莲子草等破坏性植物的入侵。有人统计过，光三峡库区就有 55 种入侵种。此外，西气东输工程和青藏铁路建设，都是东部物种向西部入侵加速的因素。水利、交通设施建设直接或间接促成的入侵案例非常多。

刘兵：那目前空心莲子草控制得怎么样？

刘全儒：针对它的防治措施有几种。最早美国采用了在封闭水域大量喷洒除草剂的方法，效果不理想。后来探究了生物防治的手段。空心莲子草是美国选定的第一个采用生物方法来防控的水生植物，目前各个国家普遍使用并且效果比较好的天敌昆虫是莲草直胸跳甲，它是专一性的天敌昆虫，持续控制效果不错。但是它到了夏季高温的时候种群往往会崩溃，所以，一般在早春或者初夏释放。到了盛夏可以使用一种致病微生物，叫莲子草假隔链格孢SF-193，它只对空心莲子草这一个物种表现出致病性，对人畜安全，二者协同使用比较好。不过生物防治方法对陆生型的空心莲子草效果一般。要注意的是，陆生型的空心莲子草往往比水生型的危害性更强，因为地下根茎是繁殖的主力。我国用得最多的还是化学防治手段，有 17 种除草剂对空心莲子草的防控效果比较好，但污染风险还是存在的。它的扩散主要依赖流动的水体，所以防控的时候我们就要有流域视野，从局域的控制到流域的管理，都要兼顾。

从鱼缸中逃逸的水盾草

刘兵：再说说水盾草（*Cabomba caroliniana*），它是怎么入侵过来的?

刘全儒：水盾草原产自美洲，最初是作为鱼缸造景植物被引入我国的。它是一种沉水植物，既可以让鱼吃，

水盾草（*Cabomba caroliniana*）

同时又可以改善鱼缸景观。随着水生园艺贸易的发展，水盾草在很多地方形成入侵。有的人不想养了就去放生，甚至连鱼缸一起扔进水里，水盾草就这样逃逸到了自然界中。它可以在比较平缓的水体中定居下来并且建立种群，然后通过断枝漂移扩散。最早是在杭州发现的，现在北京圆明园好几个湖里满满的都是这个。

刘兵：那圆明园管理方如何处理？

刘全儒：就是捞，打捞上来再拖走。除了水盾草，还有眼子菜等，一起捞走。这种处理是符合生态学要求的。

刘兵：除了北京，目前国内还有哪里有？

刘全儒：水盾草入侵我国的时间比较短，但从气候来看，它在我国还有很大的扩散空间。水盾草喜欢平缓、富营养化的水体，我国很多水体富营养化日趋严重，它的扩散风险比较大。它的茎很容易折断，断枝的营养繁殖能力很强，能发育成完整的植株并且快速地建立种群，而且它还能越冬。

知识点

五花八门的入侵方式

人类放生观赏鱼的同时，将水盾草一并放至野外，造成扩散并形成入侵。很多物种的入侵令人意想不到，一起看看都有哪些入侵方式吧！

（一）自然扩散

自然环境中，除通过自身繁殖传播外，外来种还能借助风、水等自然媒介和动物等生物媒介的方式实现入侵。

1. 乘风而行

有些植物的种子“以轻取胜”，如紫茎泽兰，它的种子属于带冠毛的瘦果，既小又轻，可通过瘦果与冠毛形成的“风伞”随风飘移扩散。

2. 顺流而下

有些植物的种子可通过河流远距离扩散，如三叶鬼针草、加拿大一枝黄花，它们的种子重量很轻，容易漂浮在水面上，可通过溪流漂向下游实现远距离扩散，并在沿岸河滩上定殖生长。

3. 搭“便车”

部分植物的种子“以刺见长”，如北美苍耳。它的种子外面长有小刺，动物经过时，很容易被它的种子“黏上”，从而带着它走向远方。

4. 腹内运输

在吞食种子后，鸟、兽很可能由于种皮坚硬而无法消化，一段时间后，种子随粪便排出体外，这些鸟、兽帮助“没有腿”的种子到达了一个崭新的区域。

（二）人为引入

近代以来，随着交通工具的发达，海洋、山脉、河流和沙漠失去了天然的屏障作用，不再是不可逾越的障碍。越来越多的外来种和人类共同享受着交通工具发展带来的便利。

1. 随压舱水“偷渡”的海洋生物

借助远洋货轮，外来种可走水路“出境”。帮助货轮在航行时保持平衡的压舱水，虽然保证了航行安全，却让无数海洋生物在多个国家间辗转。

2. 藏于机上的“逃票者”

外来种也可能选择“空中航线”，它们可能粘在从外国旅行归来者的衣服上，也可能混在旅行纪念品之中，悄悄潜入国门。

3. “鱼目混珠”乘火车

部分外来植物的种子外形和粮食十分相像，如刺萼龙葵。在依靠轨道交通引入粮食作物种子时，它的种子很可能夹在其中“鱼目混珠”。

是“灭蚊能手”也是“多面杀手”的食蚊鱼

刘兵： 我们今天谈的例子都具有“双面性”，动物界我们也引进了很多外来种，除了为了吃，有没有其他用途的例子？

赵亚辉： 我们曾经引入过食蚊鱼（*Gambusia affinis*），就是孔雀鱼的近亲，用来捕蚊子。它原产地

食蚊鱼（*Gambusia affinis*）

在美国东南部等地区，当时美国的科学家发现它专门吃蚊子的幼虫，一条鱼一个昼夜能吃200多只，迅速成了“灭蚊明星”。不仅我国，当时几十个国家都引进了。

刘兵：它在我国的灭蚊能力怎么样？

赵亚辉：是不错，在水沟里放入食蚊鱼三四天，水中蚊子幼虫的密度就会显著下降。食蚊鱼很泼辣，不用人工饲养也能迅速繁殖，所以经济成本也很低。20世纪70年代，食蚊鱼就已经遍布我国南方各个水域了，长江以北的一些地区也有发现，但当时还未引起足够的重视。

刘兵：我们是如何发现食蚊鱼开始具有破坏力的呢？

赵亚辉：先是美国人发现，引入食蚊鱼的几条溪流里，本地种加利福尼亚蝾螈消失了，而没引入食蚊鱼的水域中还存在，同时，人们在食蚊鱼的食道里发现了太平洋树蛙的蝌蚪。陆续还有几个物种的消失被证实和食蚊鱼有关。我国也发现了这个问题，食蚊鱼摄食我国华南地区濒危鱼类唐鱼的仔鱼，对青鳉也形成了排挤。而且食蚊鱼还会攻击比它个头大的鱼，它会追咬金鱼，直至其死亡，非常凶残。有的地区还发现，食蚊鱼没有达到灭蚊的预期效果，适得其反，它吃掉蚊子竞争对手水虱的数量远高于蚊子，反而助长了蚊子的生存。另外，我国华南地区并没有引入食蚊鱼的记录，但它遍布当地各个水域，媒体报道过在广州的 19 个人工湖都能找到食蚊鱼的踪影。

刘兵：有什么好的治理办法吗？

赵亚辉：因为它个头偏小，捕捞它很难不对其他鱼类造成影响。目前更多的是以防为主，就是在尚未发现食蚊鱼的地区严禁引入。国家也早已收回了地方引种食蚊鱼的权限，不再批复。这个例子也再次告诉我们，引种要谨慎。

森林生态系统的入侵者

原始的森林生态系统对于外界的防御能力本应很强。在郁闭度比较高的森林里，很多外来种即使到了这里，也基本上没有入侵的机会。但是近些年来，我国森林生态系统屡屡遭受入侵。究其原因，我们人类难辞其咎。

美国白蛾是怎样入侵的？

刘兵：前面我们聊了水生生态系统中的入侵种，今天我们再来聊聊森林生态系统的。这就不能不提美国白蛾（*Hyphantria cunea*）了，这两年在北京大面积暴发，危害大家也都有目共睹了。

赵亚辉：是的。尤其是 2021 年，北京很多行道树都被破坏了。

刘兵：那次暴发主要是什么原因呢？

赵亚辉：没有及时打药，介入得太晚了。

刘兵：我记得严重的时候树叶被吃成了蛛网，大家都不敢开窗户。

赵亚辉：美国白蛾的幼虫很容易识别，像松毛虫，身上有毛，在树枝端部构建网巢，然后聚集在网巢里啃食树叶。幼虫长大，网巢也不断扩大，包裹更多的树枝和叶片。夏末秋至的时候，它结的网幕最为显著，所以我们也叫它秋幕毛虫。

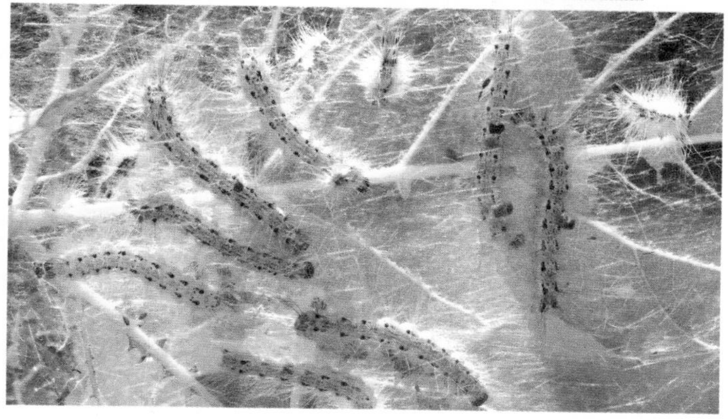

美国白蛾（*Hyphantria cunea*）幼虫

刘兵：它的原产地肯定是美国了，它是如何进入我国的？

赵亚辉：它的原始分布区比较广，基本整个美洲大陆都有，我国大部分地区也都是美国白蛾的适生区。美国白蛾最早传入亚洲的时间是 1945 年，首先传入日本，再进入韩国和朝鲜，20 世纪 70 年代才进入我国。1979 年，在我国的辽宁丹东首次发现，很可能是从朝鲜那边过来的。1989 年，它们越过了山海关，进入华北地区。1998 年，京津冀地区启动了美国白蛾国家级治理工程，大大延缓了它们的扩散速度。但是，它们的扩散并没有停止。到目前为止，我国至少 13 个省区发现了美国白蛾。它主要借助树皮裂缝、木材进口来传播，属于无意传入。它的幼虫耐饥能力很强，可以 2 周不进食，所以它们可以随着运载工具传播到不同的区域，并且能在扩散区存活下来。它食性很广，主要吃桑树、悬铃木等阔叶林，还有构树、榆树等城市行道树，所以暴发时我们的感受很明显，树叶被吃成蛛网，叶子被吃光了，还会导致树木死亡。

刘全儒：不管是草本植物还是木本植物，只要叶子宽一点儿，它都能吃。桑叶它也爱吃，所以对养蚕业也

被美国白蛾吃成蛛网的树叶

构成威胁。

刘兵：这两年北京比较严重，我们都看到了，它的分布区主要集中在北方？

赵亚辉：目前基本到达长江流域，东北比较多。主要的防治方式是打药，还有一些菌、小蜂等生物防治方法，但城市主要还是靠打药。

刘兵：打药是为了预防还是治理？

赵亚辉：在幼虫发育时就得打药，等暴发后再打效果就会弱很多。之前限于基层具有专业防控知识的工作人员较少，而且监控工作比较有限，初期没能及时喷药，等暴发到一定程度才采取行动，结果往往治理经费很高，而且无法彻底清除。

刘全儒：美国白蛾的反弹力度相当大。一只雌虫可以产八九百颗卵，一年能繁殖三代，繁殖力极强。只要年初有少数美国白蛾存在，到了第三代，也就是当年的秋季，就能达到暴发性的效果。

美国白蛾成虫

美国白蛾究竟造成了多大损失？

赵亚辉：我这有组数据，“2021 年我国美国白蛾造成的灾害损失高达212.98亿元，平均每公顷损失2.91万元，其中经济损失 13.96 亿元、非经济损失 199.02 亿元；非经济损失中，生态功能损失最高，占总损失的 80.84%；在地区分布方面，山东省损失最为严重”。2008 年山东省济南市，2013 年河北省沧州市、衡水市，2015 年安徽省蚌埠市等地都暴发过大面积灾情。

刘兵：“212.98 亿元损失”这个数字，在生态学上是怎么估算的？

赵亚辉：我们在估算生态价值时，除了直接的经济损失，还会把一些非经济损失也计算进去。美国白蛾把树吃死了，损失的不仅仅是这棵树本身的价值，还有树木死亡对小气候、对水土保持的影响，这些都不能忽略。非经济损失不能用货币直接表达，只能通过间接的转换进行衡量，主要包括生态功能损失、心理影响损失、生活影响损失、区域经济声誉影响损失、景观美学损失等。美国白蛾把绿化树木的叶子吃光了，树木的光合作用就会降低，从而导致其生态功能降低或丧失，如固碳释氧、吸收有毒气体、降低噪声、净化滞尘等，这就是生态功能损失；美国白蛾的暴发给普通民众的生活和心理也带来了很大影响，这些都可以换算成损失价值。

刘兵：就 2021 年这组数据来说，我大概算了下，非经济损失是经济损失的十几倍，这说明一个什么问题？

赵亚辉：说明虽然美国白蛾对林果业及其相关产业为害较重，但因为几乎不造成寄主植物死亡，引发的直接经济损失较小，而间接的非经济类功能损失比较严重。也就是说，美国白蛾的入侵对生态环境和人民生活的影响远大于其造成的物质损失。

刘兵：美国白蛾在原产地美国危害也这么大吗？

赵亚辉：美国白蛾种群数量受生物和非生物因素共同影响，与寄主的数量和质量、自然天敌的控制效率以及气象因素有关。其中，自然天敌的控制作用，在原产地对美国白蛾的种群数量抑制效果明显。据报导，美国白蛾在北美至少有 50 种双翅目和膜翅目的寄生性天敌，36 种捕食性天敌，以及其他病原微生物。在欧洲，已记载有 46 种捕食性天敌和 38 种寄生性天敌。在中国，田间调查发现有 27 种自然天敌，包括鸟、蜘蛛和捕食性昆虫，如螳螂、益蝽、猎蝽、姬蝽、步甲、胡蜂、草蛉、瓢虫、蜻蜓和食虫虻等，它们捕食美国白蛾的蛹、幼虫和成虫。

美国白蛾的防治手段有哪些?

刘兵：美国白蛾已经暴发过几次了，我们的应对措施应该也成熟了一些，具体都有哪些防治措施？哪些是普通老百姓也能够参与的？

赵亚辉：美国白蛾在树皮下、石头下、地面上或土表下的薄茧中化蛹越冬，第二年春天羽化并交配产卵，所以监测从冬季就要开始，这叫林业有害生物越冬基数调查，就是提前把美国白蛾等林业有害生物的蛹或卵挖出来，让园林绿化部门研究鉴定，科学研判明年林业有害生物发生的趋势，提前谋划好防控对策。去年很多老百姓也加入了“挖蛹”大军，把蛹挖出来以后记录下发现地点、体长等数据，交给工作人员带回去分析。调查完成后在树上缠防虫带，防止天气转暖后成虫爬上树去产卵。

刘全儒：这两年，政府主管部门对于美国白蛾的宣传和监测加大了力度。2022 年北京设了 3000 多个监测测报点，号召广大民众加入进来，发现并举报。还推出了一个小程序，叫“拍照识虫”，帮市民识别美国白蛾等林业有害生物。

刘兵：这是预判，那暴发之后又有哪些治理措施？北京最近几年比较严重，其他不这么严重的地区，又是如何防控的呢？

赵亚辉：目前对于美国白蛾的防控，对疫区和非疫区有不同的手段。在非疫区以预防为主，比如加强对植物的检疫，包括严格检测从疫区（有美国白蛾灾情发生的国家和地区）过来的原木和植物材料、包装材料和运载工具，防止幼虫等的进入。有条件的话会采用溴化甲烷熏蒸，来杀死隐藏在树皮裂缝中的幼虫和蛹。在我国，美国白蛾一年发生 2~3 代。因此，针对疫区，应该重防第 1 代，控制第 2 代，也就是把重点放在 2~3 龄的幼虫期，因为第 1 代幼虫发生在 5 月中下旬，这个时候气候稳定，虫龄比较整齐，产卵部位低，方便打药和剪网幕，是全年治虫的最佳时期。

刘兵：打药和剪网幕，这算是化学手段和物理手段，类似的还有哪些？

赵亚辉：具体防治措施包括人工、物理防治，化学防治，生物防治等方法。根据危害地区、程度、面积的不同，可以采取不同的防治措施。

人工、物理防治，比如对小树、灌丛、网幕低矮的植株，可以通过人工移除网幕、幼虫和卵块；对于大树，可以用高枝剪剪除网幕及被为害的枝条，及时烧毁；人工挖蛹、挂诱虫灯诱集成虫，或采用性信息素诱集雄蛾，也都属于人工、物理防治，既可监测种群动态，还可减少虫量。这种方法比较适合那种新入侵、尚未形成大规模灾害的地区。

化学防治在控制美国白蛾、保护天敌、维护生态平衡和避免环境污染方面起了很大作用，目前使用的仿生药剂对美国白蛾的林间防控效果均能达到 90% 以上。由于幼虫在丝网内，一般喷雾难以达到好的防治效果，采用高压喷雾机喷洒，让药剂穿透网幕，可以提高防治效果。

生物防治也是控制美国白蛾的一项重要手段，但因为美国白蛾是入侵种，天敌的自然控制作用效率低。所以我们通常通过人工繁育和释放天敌昆虫、应用生物杀虫剂和病原微生物来控制种群数量。目前将天敌昆虫和病原微生物综合应用，在美国白蛾幼虫期施用美国白蛾核型多角体病毒杀虫剂，在老熟幼虫和蛹期释放白蛾周氏啮小蜂，取得了良好的效果，并且已经大面积推广。

刘兵：这么多防治方法，为什么还是难以控制？

赵亚辉：这些方法各有利弊，人工及物理防治只适用于危害较轻的新增疫区；化学防治存在污染环境、杀死天敌，以及使其产生抗药性等弊端；生物防治见效比较慢，因为还要通过人工繁育其天敌。

刘兵：那目前有没有一个全套的方案，比如从蛹到幼虫再到成虫，每个阶段用哪种方法最有效？

赵亚辉：现在采取的正是将各种防治方法相互结合

的综合防控，取长补短，以达到最佳的防治效果。比如，采用诱虫灯和性诱剂诱集越冬代成虫，监测美国白蛾的种群动态，做到早发现、早防控；在虫害发生早期，人工摘除卵块和网幕，减少虫源数量；在 2~3 龄幼虫期，采用化学杀虫剂或生物杀虫剂，毒杀低龄幼虫，降低种群密度；利用老熟幼虫下树到土壤中化蛹的习性，可用草把诱集化蛹，或直接在树干上涂毒环，毒杀老熟幼虫；同时应用昆虫病原微生物杀虫剂结合捕食性和寄生性天敌的释放，减少种群数量。

刘兵：会不会有一天，我们可以像对付蚊子那样，通过改变它的基因来对付美国白蛾？

赵亚辉：应用基因编辑技术从分子水平探究美国白蛾的生态适应性和致灾机制，目前已经成为美国白蛾研究的热点。近年来，美国白蛾的基因组测序已完成并公布。通过筛选高效的分子靶标，应用 RNA 干扰技术，对美国白蛾种群进行分子调控，未来可能为美国白蛾的防控提供新的途径。

“松树的癌症”的罪魁祸首——松材线虫

刘兵：和美国白蛾类似的入侵生物还有什么？

赵亚辉：还有对松树为害严重的松材线虫（*Bursaphelenchus xylophilus*），不过它并不是昆虫，属于**线虫**类，原产地在北美洲。它的主要危害是使松树患松材线虫病，这个病被称为“松树的癌症”。因为松材线虫很微小，肉眼看不到，而且主要隐藏在树皮内侧，不容易被发现，所以早期人们并没有准确地意识到它的危害。1905 年，松材线虫在日本长崎暴发，造成大量松树死亡，但直到 1971 年日本学者才确认病原是松材线虫。

刘兵：它对森林的破坏力大吗？

刘全儒：很大，一旦入侵就会造成松树的大面积死亡。

赵亚辉：松材线虫是寄生性的，靠寄生于松墨天牛（*Monochamus alternatus*）来广泛传播。松树一旦感染松材线虫，几乎无一幸免，所以是很严重的。它引起的松材线虫病是世界范围内有记载以来最严重的森林病害。

知识点

线虫

线虫动物门（Nematoda）是动物界中最大的门之一，为假体腔动物。线虫身体细长，看起来很光滑，不像蚯蚓那样有很多的环节。很多线虫非常微小，必须借助显微镜才能看到。松材线虫体长 0.7~0.8 毫米，肉眼看不见。

刘兵： 它是什么时候侵入我国的?

赵亚辉： 松材线虫是 1982 年在南京被首次发现的。20 世纪 80~90 年代，松材线虫入侵我国后，表现出很强的寄主适应性和环境适应性，寄主种类不断增多，分布区域和适生范围不断扩大。初期，松材线虫病只在我国经济贸易较为发达的广东、浙江、江苏等华东和中南沿海地区发生，到了 2021 年，全国 21 个省区出现过患松材线虫病的松树，而且总体上仍呈扩散蔓延态势。松材线虫入侵了庐山、黄山、泰山、张家界、九华山等多个重要的国家级风景名胜区和森林公园，大批百年以上的古松名木因染上松材线虫而死亡。松

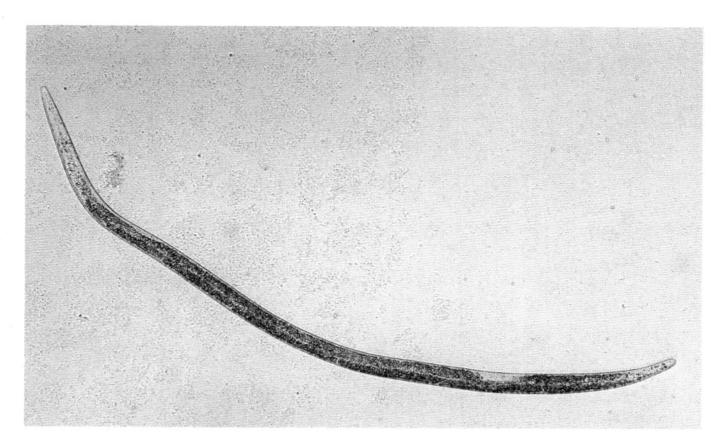

松材线虫（*Bursaphelenchus xylophilus*）

松墨天牛（*Monochamus alternatus*）

【图片来源：中国科学院动物研究所研究员张润志 摄】

因松材线虫病枯死的松树

材线虫入侵我国 30 多年来，已经累计致死松树数十亿株，被它感染的松林面积约 64.9 万公顷，造成的直接经济损失和间接经济损失达上千亿元。

刘兵：松材线虫主要的扩散方式是什么？

赵亚辉：松材线虫病在亚洲的松树上呈现出典型的病原主导性病害特征，也就是说，病害的流行程度不取决于松树的生长状态，而是取决于松材线虫能否传播到这个区域并感染松树。松树只要感染了松材线虫病，即使本身生长得再健康，结果都会发病死亡。亚洲地区松材线虫传播的主要媒介是松墨天牛，在我国到处都有，为松材线虫病的流行扩散也提供了生物学基础。

刘兵：被感染的松树必死无疑？

赵亚辉：是的，必死无疑，只是有的快，有的慢。快的当年秋季就枯死，而且是全株枯死，从感染到枯死只需要 3 个月的时间；温度比较低的地区，能撑到第二年的春夏季节；更慢的，1~2 年内先表现为部分枝条枯死，随着时间推移，枯死的枝条越来越多，直到全株死亡。

刘兵：如何进行防治？

赵亚辉：目前对于松材线虫的防治主要依据 2018

年国家林业和草原局发布的《松材线虫病防治技术方案》，以疫木清理为核心，以虫媒药剂防治、诱捕器诱杀、立式诱木引诱和打孔注药为辅助，同时各地还需要根据当地情况采取有针对性的防治措施。松材线虫病的迅速扩散主要是人为导致的，加强检疫是目前防治的重要环节。现在海关对进口的红木家具、原木制品的检验检疫特别严格。一旦发现感染原，会采取销毁或退回等措施。

导致油松纯林全“林”覆没的红脂大小蠹

赵亚辉：红脂大小蠹（*Dendroctonus valens*）也是我国重要的林业入侵害虫，繁殖快、传播快、成灾快、致死快，给我国林业生产和生态建设造成了严重损害。

刘兵：红脂大小蠹主要为害哪种树木？

赵亚辉：它原产于北美洲，在北美几乎为害松属、

红脂大小蠹（*Dendroctonus valens*）
【图片来源：中国科学院动物研究所研究员张润志 摄】

云杉属的所有树种。在我国，尤其是入侵比较严重的山西省关帝山，一般主要为害油松和其他几种松树。1999年，它在关帝山林区首次出现并蔓延，对当地林木的为害率达 21.6%。

刘全儒：而且这类物种和森林火灾的发生也有一定关联。加拿大的一种林木害虫叫中欧山松大小蠹，被它为害的松树死亡之后 1 年左右，针叶会变红，这时发生火灾的风险非常高。

刘兵：红脂大小蠹在我国主要分布在哪里？

赵亚辉：自山西省首次发现以来，河北、河南、北京、天津、陕西、辽宁、内蒙古、青海等省市已沦为疫区，累计造成 1000 余万株树木死亡。根据预测，我国南方和华北地区都是红脂大小蠹的高度适生区域，在未来气候变暖趋势下，它的适生区将总体呈现扩散态势，向西北和东北方向蔓延。

刘兵：它在原产地的危害也很大吗？

赵亚辉：它在国外属次期性害虫，一般不大面积暴发。幼虫生活于树皮下，成虫寄生于林木主干基部。进入我国后，习性发生了较大变化，多数虫体更易入侵树木根基，具备较强的隐匿性，防治难度增大。

刘兵：在北美没有大面积暴发，是因为天敌比较多吗？

赵亚辉：其实红脂大小蠹无论是在原产地还是在新传入区，天敌种类都很丰富。有人专门做过统计，我国红脂大小蠹的天敌约有 32 科 50 余种，大致可分为捕食性天敌和寄生性天敌两大类。捕食性天敌有多种天敌昆虫、食虫益鸟和蜘蛛等。寄生性天敌有多种天敌昆虫、部分病原微生物、一些螨类和线虫。目前利用肿腿蜂防治小蠹类害虫的技术已比较成熟，可以有效控制小蠹为害。有时也会增设鸟巢，引诱啄木鸟过来，抑制小蠹虫的增长。

刘全儒： 目前很多地区是油松纯林，林种结构太过单一，一旦被感染，就会全“林”覆没，所以现在非常重视营林措施，大力培育混交林，改变林种单一结构，间种灌木，不再营造纯林。

刘兵： 对于红脂大小蠹、松材线虫还有美国白蛾这种容易藏在林木树皮或缝隙里的害虫，发现之后一般对林木怎么处理？

赵亚辉： 一般会对带虫原木进行剥皮处理，采用磷化铝片剂熏蒸 24 小时，并对树皮焚烧或用菊酯液喷洒处理后深埋。另外，一定要把枯死木砍掉。

拥有“绞杀”能力的“坟墓”植物

刘兵：森林生态系统的入侵动物我们聊了不少，植物界有没有类似的入侵种？

刘全儒：有一种入侵森林生态系统的植物很典型，叫刺果瓜(*Sicyos angulatus*),它类似丝瓜,属于藤本植物，会缠绕在作物茎秆上，比如玉米、大豆，和它们竞争光和养分，可以将本地草本、灌木丛整个覆盖，导致其全部枯死。它对林木也有“绞杀”能力，因此被称为“坟墓”植物。它能爬到十几米高的树顶上，叶子会互相叠盖，可以将原来的植物严实地遮住，使其无法进行光合作用而死亡。它的生长扩展速度非常快，3 周内可以扩展 2 米。最初在青岛、大连被发现，传播得很快，目前北京房山、八达岭等地区都有发现。

刘兵：对这事我有点好奇，像美国白蛾，是活的，可以到处飞，但像刺果瓜这样的植物，是如何进入森林的？

刘全儒：我们认为它最初的扩散是通过建筑垃圾，因为很多是在建筑废弃地发现的。它的果实带刺，可以由动物和人类传播。它可以随水流、交通运输远距离传播，随农产品、苗木贸易跨越地区或国家。可能是通过鸟类进入森林的，鸟吃下它的种子，排到森林里。不少植物都是通过鸟来传播的，比如美洲商陆。

赵亚辉：我记得同样具有“绞杀”作用的还有微甘菊（*Mikania micrantha*），它也是全球 100 种最具威胁的入侵种之一。它的杀手锏也是“死亡缠绕”。它十分善于攀爬，一旦攀附上其他植物，就能很快覆盖住附主，将其层层包裹，阻碍其进行光合作用。同时它还会排放毒素抑制附主生长，继而导致附主死亡。即便是高达十余米的乔木，也难逃其魔爪。

它的英文名很有意思，叫 Mile-a-minute Weed，意思是“一分钟生长一英里的草”，可见它繁殖速度之快。李青松在《微甘菊——外来物种入侵中国》一书中提到，一粒微甘菊种子，经过 5 年的繁殖数量可以达到若干兆株……不仅足以覆盖整个地球表面，甚至可以覆盖太阳系所有行星；有人做过定点观测，1 平方米面积内，微甘菊计有头状花序 2 万 ~5 万个，含小花 8 万 ~20 万朵，

刺果瓜（*Sicyos angulatus*）

微甘菊（*Mikania micrantha*）

花朵生物量占地上生物量的40%以上；微甘菊从花蕾到盛花约5天，开花后再过5天完成授粉，又过5天种子成熟，然后种子散布，开始新一轮传播……一轮接一轮，似乎它的使命就是传播。

刘全儒：而且它也具有化感作用，可以说是杀伤力非常强的一种植物。

刘兵：对于这一类植物，化学防治恐怕得作为主要手段了。

刘全儒：对，目前化学防治还是比较有效的，人工砍伐只能在小范围内控制，但它的地下根系非常发达，被清除的茎节往往很难完全枯死，用火烧都不管用，新的植株很快会长起来。而且因为它通常攀附在其他植物上，清除起来很容易伤害其他植物。生物防治的话，之前有人发现菟丝子可以寄生在微甘菊上使其死亡，但菟丝子本身也是危险的杂草，它可以寄生在多种植物上，也会给本地植物带来威胁，把握不好的话容易引起新的入侵。最理想的是创造一个不适合微甘菊生存的环境。一般认为，郁闭度大于70%的话，微甘菊就难以生存了，这个规律对相当多的入侵种都有效。但是，这在开阔地和城市等环境中并不适用。

刘兵：说到这，我想起有一年，厦门的猫爪藤（*Macfadyena unguis-cati*）泛滥成患，上了新闻，成片成片的，树上、电线杆上、建筑物外墙上到处都是。一开始大家都觉得满眼绿色是城市环境好转的表现，并不知道肆无忌惮的疯长带来的生态隐患。后来据说当地政府为了清理猫爪藤投入了不少人力、物力。

刘全儒：猫爪藤也是很有名的入侵植物，和刺果瓜、微甘菊一样，都是藤本植物。它出现的地方，其他植物基本上没有活命的可能。厦门比较严重，因为那里的气候特别适合它生长。

刘兵：为什么叫猫爪藤？

刘全儒：它叶轴的顶端有酷似猫爪的三枚小钩状卷须，靠它沿着墙壁、石头、植物、电线杆等向上攀爬。猫爪藤的茎节处还能长出不定根，将植株牢牢地固定在支持物上，让植株向上攀爬。它全方位地侵占本地植物的生存空间，和本地植物争夺阳光和养分。单就当时鼓浪屿一个地区来说，猫爪藤影响了 40 多种植物，甚至一些百年古树也不能幸免。

猫爪藤（*Macfadyena unguis-cati*）

刘兵：猫爪藤是怎么来到我国的？

刘全儒：它的自然分布地在美洲，后来被很多国家作为观赏植物引入，在我国广东、福建等地有栽培，福建的后来逸生了，目前主要分布在福州和厦门。

刘兵：当时厦门是怎么治理的？

刘全儒：以化学防治为主，广谱性除草剂草甘膦对猫爪藤的杀伤力很强，从它的根茎上豁个口，把草甘膦滴进去，可以杀死整个植株。据说鼓浪屿用了两年时间，才使猫爪藤得以控制。后来人们找到了一种比较适合制约它的天敌，是一种龟甲科的昆虫，从南非引进的，它对猫爪藤具有专食性，不会对其他植物造成威胁，在一定程度上减轻了猫爪藤的影响。不过，这种昆虫不能使整个植株死亡，只能抑制它的扩散速度。

善于“钻空子”的入侵种

刘兵：今天我们谈论的主题是“森林生态系统的入侵者”，前面第三天我们讲紫茎泽兰的时候，有一点我印象很深刻，就是紫茎泽兰原本是挤不进植被覆盖度非常高的原始森林的，但是因为人类的砍伐，使森林环境出现了生态位空缺，继而导致喜阳的紫茎泽兰入侵成功。

刘全儒：对，在郁闭度比较高的森林里，很多外来种即使到了这里，也基本上没有入侵的机会，所以在这方面来说，我们人类是难辞其咎的。这方面还有一个非常典型的例子，前面没有提到，就是我们常说的洋槐，中文学名叫刺槐（*Robinia pseudoacacia*）。国槐（槐，*Styphnolobium japonicum*）我们都知道，它和刺槐“一国一洋”，在我国都很常见。

刘兵：“洋槐”这个名字就告诉我们它一定是外来种。

物种识别

比较项	国槐	刺槐
是否有刺	无刺	新长枝条有刺，长大后脱落
叶片形状	先端较尖	先端较圆或稍凹
花序	圆锥花序，顶生	总状花序，腋生
花期	7~8 月	4~6 月
果实	念珠状荚果	扁平状荚果

国槐（槐，*Styphnolobium japonicum*）

刺槐（*Robinia pseudoacacia*）

刘全儒：没错，刺槐原产地是美国，木材坚固耐用，不易腐烂，人们常常用它来建造房屋和家具，它还是上好的燃烧材料。后来欧洲先引入了刺槐，但不是为了盖房子，而是出于观赏的目的，因为它生长很快，而且树形漂亮，适合作为行道树和园林植物。

刘兵：我对刺槐的印象就是寿命很长，和柏树一样，可以算是长寿树种了。

刘全儒：这也是它比较受人欢迎的原因之一。刺槐被引入我国是在 19 世纪。最初引种它是为了改造荒地，恢复植被。它很快就展现出了强大的生长优势——适应能力强、生长速度快。它能在荒凉贫瘠的地方生长，而且长势良好，这归功于它强大的固氮作用。前面我们提到过，土壤比较肥沃，尤其是氮含量比较高的地方，能明显促进一些外来种的定殖。槐树这类植物可以与根瘤菌共生，固氮效率非常高，可以转化充足的有机氮供自身使用，所以它们对土壤环境的要求很低。它光合作用的能力也很强，所以生长速度很快，每年能长高 1.2 米，甚至更多。因此，大面积种植刺槐，能达到迅速绿化的目的。洋槐蜂蜜应该都听说过，比普通蜂蜜要贵，就来自刺槐，刺槐是罕见的大花量的树种。

刘兵： 讲到今天，我们一看到“适应能力强、生长速度快”这些优点，就知道它也是入侵成功的主要因素。

刘全儒： 是的。刺槐最具威胁的本领就是强大的营养繁殖能力，根部可以长出很多不定芽，伸出地面就会形成小植株，这个过程叫作根蘖，这也是刺槐扩大种群的主要方式。刺槐分蘖的能力非常强，能在距离母株 10 多米的地方长出新的幼苗，这些幼苗的生命力比种子萌发的幼苗更加旺盛，因为它们背后有母株提供充足的营养支持，所以长起来非常快，形成根蘖林。由于生长速度快，刺槐非常容易成林，林下植物会因缺少阳光而发育不良或死亡。不过，目前洋槐的入侵相对局限，往往是在栽培的基础上扩展。

刘兵： 国槐不能跟刺槐抗衡一番吗？

刘全儒： 国槐没有刺槐那么强的竞争力。国槐是豆科植物中少有的不能进行固氮的种类，所以它的适应能力和生长速度都不如刺槐。目前还没有特别有效的清除刺槐的办法，机械拔除费时费力，除草剂容易“误伤”其他物种。不过，研究发现，刺槐容易入侵受到干扰的生境，在那些郁闭度比较高的森林，刺槐基本上没有入侵的机会。

国境内的入侵

前面提到过，“外来”和“本地”的界限是人为划定的。对于我国这样一个幅员辽阔的大国来说，国境内的入侵也不容忽视。我国西部地区的特殊地形地貌造就了独特的生态环境，也正因如此，东部物种的入侵更可能带去毁灭性的打击。

国境之内也有生物入侵?

刘兵: 今天一开始,我想先回到第一天我们聊的“外来种”的概念上。我们当时说,这个“外来”可以以国境为界,也可以以省份为界,都是按行政区划人为划定的。目前为止我们讨论了这么多外来种,都是从国外来的,是不是我们就默认生物入侵指的都是从国外入侵国内?

赵亚辉: 你说的这点非常关键。一谈生物入侵,我们往往第一反应就是从外国进来的,得加强对海关检疫的重视等。这个思路在中小国家是对的,但对我们这样一个幅员辽阔的大国来说,不够全面。我们自己也常忽略的,就是我们国家境内不同地区之间的物种入侵。仔细看待这个问题就会发现,还是比较严重的。因为我国的地形地貌非常有特点,西部有世界屋脊——青藏高原,聚集了很多我国的特有种,而且有些是伴随着青藏高原的隆起而演化的,无论对于科学、经济还是社会,都有着独特的意义和价值。在现代经济社会发展如此迅速的背景下，很多东部地区的动植物悄然进入了西部地区。大家都知道，西部地区的生态环境是比较脆弱的，降水、温度、海拔和东部都有很大差异，目前东部物种向西部入侵越来越严重，在这个背景下，国境内的物种入侵是非常需要被重视的问题。这其中，麦穗鱼（*Pseudorasbora parva*）就是个典型的例子。

刘兵：具体说说麦穗鱼的故事。

赵亚辉：麦穗鱼原产地是亚洲东部地区，体形很小，体长不超过 10 厘米，本身没有太高的经济价值，被人们用作饵料。它的种群数量很大，在溪流、池塘、湖泊中非常常见，在我国主要分布在东部地区。最初是和鱼苗一起无意传入的。目前已成为世界上的重要入侵种之一，在欧洲大陆，包括英格兰的自然水体里都非常常见，在法国的自然水体里也非常多。

刘兵：它是从亚洲入侵到欧洲的物种？

赵亚辉：是的，从亚洲到俄罗斯等中欧国家，再进入西欧国家。它是杂食性鱼类，可以以其他鱼类的卵为食，影响其他鱼类种群繁殖，继而威胁其生存。麦穗鱼

麦穗鱼（*Pseudorasbora parva*）

的生存能力很强，在受污染的水体中依然能活，是少数能在恶劣环境下生存的鱼类。它的繁殖力也很强，种群数量能在短时间内迅速扩大。它还会传播疾病，威胁本地鱼类种群生存。

我曾在法国做过关于麦穗鱼扩散能力的实验，当时摆了几十个大桶，两个大桶之间用孔径很小的管道相连，在第一个桶里放入麦穗鱼，几天之内它们就从第一个桶扩散到了最后一个桶，可见扩散能力非常强。

西部地区的物种多样性

刘兵：你刚才说我国东西部生态环境差异大，能不能具体说说哪些差异会影响物种的入侵？

赵亚辉：我们对西部地区的物种多样性做了十几年的研究，以鱼类为代表，总体来说有几个特点。第一，西部地区鱼类物种数量非常少，而东部地区鱼类的物种多样性比较丰富，特别是横断山以东、秦岭以南的地区（青藏高原是印度次大陆撞到欧亚大陆之后的隆生，横断山位于青藏高原的东缘，海拔跨度大，是我国生物多样性的热点地区）。第二，西部地区鱼类特有种数量非常多，如黄河、长江、澜沧江上游等流域，有些甚至是流域的特有种，也就是只在长江有，或者只在黄河有。第三，西部地区的鱼类中，珍稀濒危物种比较多，这是由高原特有的气候、降水条件导致的，西部地区特有的高原鱼类是伴随青藏高原隆起而演化形成的，生长周期长，性成熟时间长，繁殖能力有限，种群规模小，而且

对环境改变的适应能力较弱，所以很多高原鱼类都是珍稀濒危物种。如果西部的这些物种不存在了，就意味着该物种在世界上灭绝了。

刘兵：能具体说说麦穗鱼是怎么入侵西部的吗？

赵亚辉：是伴随着养殖业的发展以及对西部的开发，尤其是水电的开发，进入我国西部水体的。先说西藏。以雅鲁藏布江为例，内地人喜欢吃鱼，移居西藏后，带去了很多养殖的鱼类品种，麦穗鱼就此进入了西部水体。因为适应能力强，既能适应寒冷环境，也能在温暖水域生长，麦穗鱼很快在青藏高原的水体中定居下来，繁殖扩散，成为当地野杂鱼类的重要组成。而西部的特有鱼类，如裂腹鱼，因麦穗鱼的危害，携带病菌、吃鱼卵等，数量骤减，濒临灭绝。

再说新疆。新疆阿勒泰地区的额尔齐斯河是我国唯一一条流向北冰洋的河流，有22~23种本地鱼类，其中6种是我国国家级保护动物，占比很高。外来鱼类和本地鱼类种数相当，目前也有20种左右，其中麦穗鱼是主力。

刘兵：养殖可以理解，水电开发是怎么造成鱼类入侵的？

赵亚辉：我国水能资源基本都集中在西部地区，特别是黄河、长江和澜沧江的上游，河流比降大，势能强。水库建立后，原来的流水生境变成了静水生境，适合外来鱼类生存。加上很多水库兴起水库渔业，如冷水性的虹鳟（*Oncorhynchus mykiss*，也是外来种），在青海已经形成规模化的产业。为了改善水坝对当地生态的影响而采取的**增殖放流**措施也是外来生物入侵的途径之一。也就是说，这是一个连锁反应。水库改变了水流环境，阻隔了本地鱼类的洄游通道，威胁本地鱼类生存，同时新形成的环境又更适合外来种生存，这样一来，我国东

额尔齐斯河

部鱼类逐渐入侵西部，西部那些特有种和珍稀濒危鱼类既要适应环境的变化，又要与外来鱼类竞争，生存受到了极大程度的威胁，应该引起我们的高度重视。

刘兵： 这也是无意识的连带危害。

赵亚辉： 麦穗鱼只是一个代表，还有些养殖物种，比如鲤鱼等，青藏高原这类地方原来是没有的。云南高原的例子也很典型。云南高原上有很多湖泊，每个高原湖泊中都有特有鱼类。随着麦穗鱼以及引种的四大家鱼的进入，已经有一些特有鱼类因此消失。

这里提一个概念，生物入侵领域有一个理论叫“入侵崩溃”，是说当多个外来种同时或者前后脚入侵同一个地区时，这些外来种之间会出现协同作用。什么意思呢？就是早一步进来的外来种改变入侵地的生态系统，打破了本地种间的平衡，后来的外来种就更容易入侵成功。

刘兵： 等于是给后面的外来种开路架桥？

赵亚辉： 对，有人做过统计，北美洲五大湖在 20 世纪前半叶总共有 40 种外来种入侵，到了 1970 年之后，平均每 8 个月就有一个新的物种入侵。

虹鳟（*Oncorhynchus mykiss*）

知识点

增殖放流

用人工方式向海洋、江河、湖泊和大型水库等公共水域释放水生生物苗种或亲体，来补充和恢复生物资源，维护生物多样性，还能改善水质，使渔民增收。

刘兵：形成了一种恶性循环，越入侵就越脆弱，越脆弱就越会被入侵。

赵亚辉：没错。我国云南的高原湖泊也发生过这样的事。四大家鱼中的鳙鱼（*Aristichthys nobilis*）原本自然分布于我国海河、黄河、长江、钱塘江还有珠江流域，以长江流域中下游地区为主。二十世纪六七十年代，鳙鱼等鱼类被陆续从平原湖泊投放到云南几乎所有高原湖泊和池塘里，麦穗鱼鱼苗也混杂其中一起被带入，当地湖泊中的鱼类一下子从十来种增加到 30 多种，鱼类区系组成发生了巨大的变化，抑制了当地鱼类的生长和繁殖，直接导致多种裂腹鱼、大理鲤等鱼类消亡，大头鲤（*Cyprinus pellegrini*）的濒危也与鳙鱼的引进有关。

大头鲤曾经是当地主要的经济鱼类，那会儿有个说法叫“发鱼”，一到繁殖季节，大头鲤等当地鱼类会聚集成庞大的鱼群，一网下去能捞上千斤。在星云湖，大头鲤一度占到渔获的 70%。入侵种过去之后，再也见不到那种场面了。鳙鱼与大头鲤食性比较像，但大头鲤取食能力差，竞争不过鳙鱼，鳙鱼迅速挤占了大头鲤的生态位，导致大头鲤种群数量越来越少，甚至濒临灭绝。更糟糕的是，外来鱼类中的近缘鱼类也在通过杂交稀释大头鲤的血脉。昆明动物研究所的研究员发现，现在的大头鲤在形态上已经变了，多半是与多种鲤类杂交的结果。有可能星云湖中已经不存在纯种的野生大头鲤了。除了大头鲤，滇池蝾螈的灭绝也和鳙鱼等外来鱼类的入侵有关。高原湖泊原本较为封闭，当地鱼类缺少竞争对手，生活比较安逸，所以难以抵抗入侵者。

刘兵： 鳙鱼就是我们常说的胖头鱼，对吧？做剁椒鱼头的那种？

赵亚辉： 对，用草鱼做的是“水煮鱼”，用鳙鱼做的是“剁椒鱼头”“火锅鱼头”。鳙鱼就是我们常说的

鳙鱼（*Aristichthys nobilis*）

花鲢、胖头鱼，头很大，鱼头比较有名。鳙鱼的饲养很普遍，但是野外自然种群逐渐衰退了，原因就是我们前面说过的兴建大坝等。因为它的卵具有漂流性，产卵、孵化和发育都需要流水环境，来保证受精卵不至于沉入水底，而且氧气充足。鳙鱼繁殖需要的河流最短得 50 千米，最小流速得达到 0.45 米 / 秒，河道长度不够的话，漂流时间就不够，流速太小，受精卵就会沉到河底，都不能成功孵化。20 世纪 60 年代以来，长江里鳙鱼的天然鱼苗、成鱼产量都下降了，三峡大坝的建成也加剧了长江鳙鱼自然群体的衰退。

这是暖水的例子。

再说一个冷水的例子。新疆的博斯腾湖是我国最大的内陆淡水湖，湖泊是封闭的，通常没有外来干扰，鱼类的组成也比较简单，只有 5 种本地鱼类，扁吻鱼就是其中一种。扁吻鱼（*Aspiorhynchus laticeps*）俗称“新疆大头鱼”，不仅是我国的特产鱼类，也是世界裂腹鱼类中的珍贵物种。3 亿多年前它就存在了，可以说是鱼类的“活化石”。它原来是一种经济鱼类，现在是我国国家一级保护动物。为什么受保护了呢？这和另一种鱼的入侵有关。

新疆额尔齐斯河有一种鱼叫河鲈（*Perca fluviatilis*），俗称“五道黑”，是当地一种重要的经济鱼类。当地人想提高博斯腾湖的渔业产量，先是引入了

扁吻鱼（*Aspiorhynchus laticeps*）

河鲈（*Perca fluviatilis*）

鲫鱼和四大家鱼，还不够，又把河鲈从额尔齐斯河引入了博斯腾湖。扁吻鱼比河鲈体积大很多，按理说河鲈不是它的对手，但是河鲈每年的产卵时间早于扁吻鱼，而且繁殖力也比扁吻鱼强，扁吻鱼产下的卵就成了河鲈后代的食物，加上人们对扁吻鱼的捕捞，导致扁吻鱼数量快速下降。扁吻鱼的消失还有一个原因，它有洄游产卵的习性，但是当地人在上游兴建的水利工程阻隔了它的产卵通道，它们不能逆流而上去产卵了，慢慢这个物种在博斯腾湖里就消失了。

不过目前扁吻鱼的人工繁殖已经取得成功，所以这个物种倒不至于灭绝，但是博斯腾湖里已经没有野生种群了。2022 年我们去博斯腾湖做调查，发现湖里的鱼类几乎都是外来种，本地种基本已经灭绝了。

刘兵：这样说来，博斯腾湖是个很特别的例子，外来种几乎把本地种都消灭了。

赵亚辉：是的，类似的例子还有很多，也有西部到东部的。还是新疆的额尔齐斯河，有一种鱼叫梭鲈（*Sander lucioperca*），俗称“九道黑”，很凶猛，是肉食性鱼类。二十世纪五六十年代，各地都在开发水产养殖，梭鲈和东方欧鳊一起被引入额尔齐斯河。目

梭鲈（*Sander lucioperca*）

前这两个物种都已成为额尔齐斯河的常规物种，已经本地化了。后来由于梭鲈经济价值比较高，又被引入其他地区。十几年前，我们曾经在宜宾抓住过两条梭鲈，当时我还不相信是梭鲈，认为长江里不可能有这种鱼。回去鉴定了一下，还真是。去年我们在黄河调查时，发现梭鲈在黄河也已经形成了比较稳定的种群。

刘兵：这一系列的例子说明，我国境内不同地域间的物种入侵也会产生危害。恰好符合我们前面讨论的，

外来种的入侵是以不同自然地域或环境来划分的，并不是以国境来划分的，后者是我们人为赋予它的。

赵亚辉：类似的例子还有很多。比较典型的入侵高原湖泊的物种还有太湖新银鱼（*Neosalanx taihuensis*）。

刘兵：“春后银鱼霜下鲈”，据说银鱼的营养价值可以和鲈鱼媲美。它也是人为引种过去的？

赵亚辉：对。太湖新银鱼原本也不是太湖才有，长江中下游的湖泊里普遍都有。它的营养和经济价值渐渐被人们发现，于是就有人把它引到云南省的滇池，产量很快就上来了。后来又被陆续引到云南省的星云湖和抚仙湖。引种十多年后，大家才发现了问题。它繁殖力很强，性成熟快，而且春季和秋季产两次卵。它的卵和前面我们说的鳙鱼卵漂流性的特点正好相反，是沉水性的，需要沉到水底发育。它的卵有卵膜丝，能保护胚胎发育。卵膜丝吸水后展开，卵沉到水底的时候，卵膜丝可以起到支撑作用，防止卵陷入湖底的淤泥里。它的适应能力也很强，高原湖泊里又缺少天敌，所以短时间内大量繁殖，形成了优势种群，导致本地鱼类数量减少，甚至灭绝。

“太湖船菜”招牌菜——清蒸“太湖三白”（白鱼、银鱼和白虾）

刘兵：这么小的银鱼怎么会导致那些大鱼灭绝？

赵亚辉：别看它小，它赢得很“巧妙”。其实鱼类竞争的关键是看生命早期的生长发育状况，这往往决定着鱼类种群能否扩大。太湖新银鱼在仔鱼阶段主要以小型浮游动物为食，很快就改以较大型浮游动物为食，而别的鱼卵孵化日期比它晚，由于它的大量捕食，浮游动物本就迅速减少，加上其他鱼类从仔鱼到稚鱼在与它的竞争中一直处于弱势，早期生长发育受到影响，体形偏小，竞争力越来越弱，导致种群数量急剧减少。太湖新银鱼还会吞食其他鱼类的鱼卵。所以，有它的地方，很少能见到其他鱼类。

刘兵：太湖新银鱼的引入也的确带来了一定的经济效益，不过生态账和经济账不能混为一谈。

赵亚辉：抚仙湖的 25 种本地鱼类中，已经有 11 种因为栖息地被破坏、滥捕、物种入侵等而濒危，其中有 8 种是抚仙湖特有种。

刘兵：这就告诉我们，像高原湖泊这种相对封闭的生态系统，引入物种要更为谨慎，本地鱼类长期缺少竞争，稍不留神就会“引狼入室”。

赵亚辉：不光是对引入的物种要谨慎，对于容易混杂其中的物种也要小心鉴别，以防“漏网之鱼”。这方面也有个例子，就是**子陵吻虾虎鱼**（*Rhinogobius giurinus*），我们俗称“趴趴鱼”，因为它的腹部有吸盘。

刘兵：我记得虾虎鱼很好逮，拿网贴紧河床一捞，总能捞上来几条。

赵亚辉：趴趴鱼入侵的地区，最典型的是云南的抚

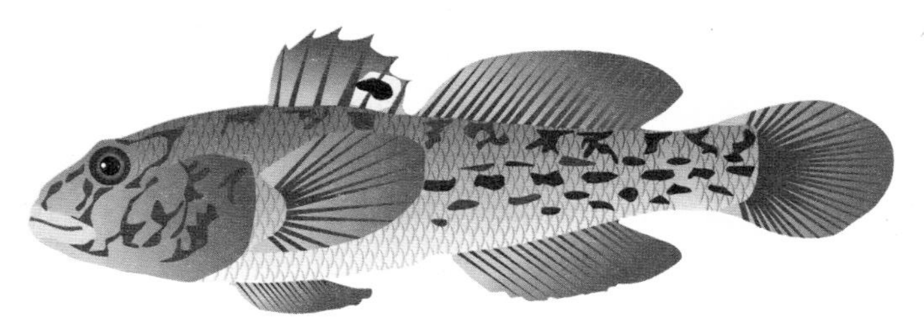

子陵吻虾虎鱼（*Rhinogobius giurinus*）

仙湖，本来没有这种鱼，现在已经成了常见种，它的入侵直接导致抚仙湖 10 多种本地鱼销声匿迹。

刘兵：它是怎么入侵过去的？

赵亚辉：是混在其他经济鱼类的鱼苗里被无意带过去的。

刘兵：它是靠什么打败本地鱼的？

赵亚辉：捕食鱼卵，加上繁殖力强。它很“贼”，吃别的鱼的卵，把自己的鱼卵产在沙穴里，让别“鱼”找不到。本地鱼往往把卵产在岸边、水底，这些地方都是趴趴鱼的活动区域，所以常常成百上千的鱼卵没有几个能长成大鱼。几年下来，趴趴鱼的数量增长了很多倍，加上人类对本地鱼的捕捞，本地鱼数量急剧下降，更削弱了它们的竞争力。

刘兵：对于这种小鱼，捕捞的办法似乎也不可行。

赵亚辉：只能用密网眼的渔网，但同时本地鱼类也会受到影响。

刘兵：面对国内地区间已经形成的入侵，我们能怎么办？

赵亚辉：和对其他入侵生物一样，只能以预防为主。

刘兵：我们好像很难发现一个物种的潜在破坏力，不然我们就可以有针对性的预防了。

赵亚辉：外来种之所以在原产地不会造成危害，是因为那里的物种经过千百万年的竞争，相互制约，单一物种不会出现“一家独大”的局面，这就导致我们容易忽视它潜在的破坏力。

知识点

虾虎鱼科（Gobiidae）

若你童年有过抓鱼摸虾的经历，相信你对这种长相奇特、呆头呆脑的小鱼并不陌生。虾虎鱼科是硬骨鱼纲鲈形目的1科，分布很广，河湖或小溪中都能找到，即使是公园的人工湖里也有很多。这些手指大小的家伙并不喜欢游来游去，它们最爱趴在石头上晒太阳。钓虾虎鱼很容易得手，甚至连钓鱼钩都不用。只要用线拴上蚯蚓沉到水里，来回扯动线让蚯蚓在水中跳跃，很快就有贪吃的虾虎鱼冲过来一口咬住蚯蚓。赶紧提线，虾虎鱼一下就被拽上来了。虾虎鱼的英文名叫goby，源自拉丁语gobi，意思是一群无经济价值或食用价值的小鱼。但事实相反，虾虎鱼目前已经成为市场上的热门观赏鱼种。全世界有2000多种虾虎鱼，我国的种类外观普遍比较单调，不如国外的种类漂亮，观赏类的虾虎鱼大多要从国外进口，因而较为名贵。

几种常见的观赏类虾虎鱼

刘兵：太湖新银鱼是人为引种过去的，虾虎鱼是混在别的鱼中间无意带入的，其实归根结底，这两种情况，如果当时人们足够警惕，也许能避免现在的后果。

赵亚辉：在强大的经济利益驱使下，人们往往看不到或者无暇顾及背后的隐患。我们的四大家鱼，是经过1000 多年的人工选择的优良品种，是人类赋予了它们生长迅速、抗病力强的特点，以便大众食用，可以说是我们的双手造就了它们的入侵性。从实验室里走出来的黄颡鱼（*Pseudobagrus fulvidraco*）也是这样。

刘兵：黄颡鱼在我们这儿叫嘎鱼，刺儿少，很适合孩子和老人吃。

赵亚辉：名字很多，嘎鱼、黄腊丁、嘎牙等。这种鱼肉质鲜美，但是在野生水域中产量比较低，价格比较贵。2000 年的时候，黄颡鱼还比较少见，北京鱼市上卖 40 块钱一斤，现在就很便宜了，而且随处可买。

水产市场里的黄颡鱼（*Pseudobagrus fulvidraco*）

刘兵：为什么说它是“从实验室里走出来的”？

赵亚辉：原本它在自然界中的繁殖率并不高，人们为了让它高产、走进千家万户，在实验室里花了很多时间，研究如何利用人工养殖技术提高它的产量。比如，模拟自然条件，促使它们产卵、受精，包括设置流动的水流以促进其性腺的成熟、注射激素进行催产、及时将受精卵进行孵化等。因为雌鱼生长速度慢，性成熟之后营养主供性腺的发育，肉质口感不如雄鱼，为了取得更大的经济效益，人们又通过细胞工程育种技术、基因工程育种技术培育出了全雄的黄颡鱼鱼苗。总之，在人们的努力下，黄颡鱼的量产难题被逐一攻克，终于成为我国的优良水产品种。

刘兵：那它怎么又成入侵种了呢？

赵亚辉：它在我国原本的分布地区就比较广泛，除了西部高原地区没有，其他地方差不多都有。结果，人们终于还是在云南的高原湖泊中发现了它，而且是生物多样性十分脆弱的抚仙湖。抚仙湖什么概念？这么说吧，我们都知道，云南是我国生物多样性最丰富的地区，各类生物类群的种数均接近或超过全国的半数。抚仙湖曾

砂锅煲嘎鱼

是云南高原湖泊中鱼类多样性最高的湖泊之一。抚仙湖是山体下陷形成的半封闭式的高原深水湖泊，鱼类区系组成非常特殊，物种分化强烈，很多特有种，这样的结构很难应对外来种入侵导致的变化。黄颡鱼倒不是人为引种过去的，而是人们引种四大家鱼的时候无意带过去的。抚仙湖中的本地鱼类种群稀、数量少、适应能力差，加上黄颡鱼具有食肉性，吃鱼卵和小鱼，给当地鱼类带来的伤害是毁灭性的，很多鱼因此而陷入濒危甚至灭绝的境地。

刘兵：山脉、河流曾经是物种隔绝的天然屏障，如今却再也没有物种无法逾越的鸿沟了，国境之内、国境之间皆如此。

抚仙湖

入侵种带来的基因污染

刘兵：入侵既已形成，那些濒危物种即使进入名录，是不是也很难受到很好的保护？

赵亚辉：是的。生物入侵除了造成物种濒危，还有基因上的混杂。举个例子，新疆的额尔齐斯河里有一种鱼叫狗鱼，在当地多被用作烤鱼的食材。它也很有意思。我国有两种狗鱼，一种分布在黑龙江，叫白斑狗鱼（*Esox lucius*），另一种就是额尔齐斯河里的这种，叫黑斑狗鱼（*Esox reicherti*）。现在十分流行**路亚钓法**，就是模仿弱小生物引发大鱼攻击，趁机捕获。这种方式钓上来的鱼通常比较凶猛，为了增加凶猛鱼类种群的数量，各地就开始引入狗鱼，白斑狗鱼和黑斑狗鱼混杂其中，因为两个物种亲缘关系相近，就难免杂交。

刘全儒：这也是生物入侵带来的另一种危害，就是外来种之间或外来种与本地种的杂交。如果外来种与本地种亲缘关系近，就容易形成杂交种，那本地种的特

白斑狗鱼（*Esox lucius*）

知识点

路亚钓法

路亚（Lure）原意为“诱惑”。路亚钓法最早起源于欧美。2008 年开始，我国越来越多的钓鱼爱好者使用路亚钓法。路亚钓法即仿生饵钓法，也叫拟饵钓法，是模仿弱小生物引发大鱼攻击的一种方法。路亚饵的造型就是根据鱼形、水底生物等的模样精心打造的。路亚钓法钓上来的鱼通常为凶猛的肉食鱼类，因为肉食鱼有自己的势力范围，如果有别的鱼类来侵犯地盘，它就会急躁不安，发动攻击，所以通常这些肉食鱼类容易被钓到。在整个钓鱼过程中，钓者在做全身运动，与传统钓法有着极大的差异。路亚垂钓号称“水上高尔夫”，是以环保为前提、优化自然环境的优雅运动。

各种仿生鱼饵

有性就不存在了，特有种就没有了。植物中的鸡屎藤（*Paederia foetida*）就属于这种情况。鸡屎藤原产地在黄河流域以南地区，是热带、亚热带非常普遍的一种藤本植物。由于园林绿化，鸡屎藤通过绿化树种南种北引

大鱼对仿生鱼饵发动攻击

被夹带进入北方。很多国内植物的入侵都是通过引入园林绿化物种发生的。对于鸡屎藤这种国境内的入侵种研究的并不多，人们普遍更关注国外的入侵种。

刘兵： 鸡屎藤作为入侵种，有什么危害？

刘全儒： 它类似于前面提到的爬树的刺果瓜，也是一种“坟墓”植物。因为它长在园林里，目前主要是对园林有影响。它喜欢覆盖在绿篱上，造成篱笆死亡，所以我们需要花费时间、精力去清理。鸡屎藤对自然环境的危害倒不明显。

还有一些植物，在国内某些地区有自然分布区，但在另一些地区却成为入侵种，经过调查发现，这些入侵种还不是从国内的自然分布区过去的，而是从国外入侵的。如长叶车前（*Plantago lanceolata*），该种原产自欧洲以及西亚、中亚直到我国新疆。形态上，从西向东植株颜色自深绿色渐变为灰绿色。我国新疆的长叶车前植株颜色偏灰绿色，属于中亚类型，是原产的；其他地区如甘肃、河南、江苏、江西、辽宁、山东、台湾、云

鸡屎藤（*Paederia foetida*）

长叶车前（*Plantago lanceolata*）

南和浙江的长叶车前与新疆的不同，植株颜色偏深绿色，属于欧洲类型，应该是归化和入侵而来的。目前我们没有把这一类物种算作入侵种，因此也不太重视，但严格来讲，它们也算入侵种。

“放生”变“杀生”

在我国，放生之事古已有之。放生者希望通过这种方式实现不杀生的目的，但这种违反生态学规律的盲目放生，反而与这一目标背道而驰。被豢养的动物要么因缺乏野外生存能力而死亡，要么可能对其他生物造成危害。无论哪一种，都违背了“不杀生”的初衷。

巴西龟并非来源于巴西？

刘兵：这几年不是特别流行玩“盲盒”吗，2019 年还被称为“盲盒元年”。后来商家把很多东西都做成了盲盒，甚至出现了活体宠物盲盒，就是你收到货、打开之后才知道你买到手的是什么宠物，不喜欢也不能反悔，吸引了很多所谓“玩得起”的年轻人。这个新闻和咱们今天要讨论的主题有点关系，今天的主角巴西龟，就是宠物盲盒的常客。咱们先说说巴西龟和我们本地龟有什么区别吧。

赵亚辉：真正的巴西龟不是现在我们见到的这种，其实是产自巴西、阿根廷一带的南美彩龟（*Trachemys dorbigni*），也叫斑彩龟。我们现在所说的入侵种是北美的红耳龟（*Trachemys scripta elegans*），它的脑袋两侧各有一道红，是斑彩龟的廉价替代品，我们目前最常见的就是这种龟。因为二者很相似，不易区分，所以就都被叫作巴西龟了。

刘兵：现在我们本地的乌龟反而不常见了。

赵亚辉：乌龟（*Mauremys reevesii*）曾是我国分布范围最广、数量最多的一种硬壳龟类，以至于人们把“乌龟”二字当成了所有龟类的代名词。然而现在，原本乌龟集中分布的区域，随处可见的却是红耳龟。电影《赤壁》中，诸葛亮用来测天象的“乌龟”，就错用成了红耳龟。可见它已经普遍到人们见怪不怪了。

乌龟（*Mauremys reevesii*）

红耳龟（*Trachemys scripta elegans*）

物种识别：红耳龟

红耳龟有两个特点：一是乌龟不“乌”，色彩斑斓，头顶后部两侧有 2 条红色粗条纹及纵向淡绿色条纹，背部呈深绿色带规则几何图案，圆周裙边似花蝴蝶翅膀，腹板处有黄、白、黑相间的甲文式花纹，且每只龟不尽相同；二是好动活泼，比一般龟好动，而且速度快。

一放了之引后患

刘兵：它是怎么入侵我国的？

赵亚辉：20 世纪 80 年代被作为宠物引入的。别看它比较小巧，随着个头变大，性格会变得凶猛，经常出现人被红耳龟咬伤的事件，人们养着养着发现它不那么可爱了，不想养了，不能杀掉，又不会处理，于是就想到了放生。目前红耳龟在我国 22 个省（市、区）的野外有分布，各大公园、水体都有，全国热门的旅游景点基本上也都有，在 17 个省（市、区）有规模化养殖场。在云南高黎贡山自然保护区的怒江江滩上也曾出现过上千只红耳龟。

刘兵：早市上、鱼市上，到处都能见到红耳龟，看上去杀伤力并不大。被放生到野外的话，它有什么危害？

赵亚辉：它之所以在宠物市场受欢迎，就是因为好养。它食性非常杂，主要以肉食为主，比如昆虫、小鱼、蛙卵、蝌蚪、落入水中的小鸟，甚至连自己的幼卵都吃，还会采食水生植物和湿地蔬菜、瓜果。它适应能力强，在江河、湖泊、池塘和水田中都能存活。繁殖力也强，3~5 年就达到性成熟，本地龟通常得七八年。红耳龟一年产卵 3~4 次，平均每次能产 11 枚，这样大量繁殖就会挤占本地龟类的生存空间。红耳龟具有很强的种间竞争力，性格凶猛，动作灵活，对食物和栖息场所的争夺能力比本地龟要强，很容易导致入侵地水体生物多样性下降，使本地龟数量下降甚至灭绝。

和很多入侵种一样，红耳龟也携带病菌，不仅感染本地龟，还可能感染人类，比如**沙门菌**。它自身体质强壮，不容易发病，就算发病也容易自愈。但是如果人接触了它们的粪便，或是小朋友把红耳龟拿在手上玩儿，吃东西之前又没好好洗手，就容易被感染。

刘兵：就是说，对生态和人类健康都有危害。

刘全儒：还存在经济危害。龟鳖养殖一直是我国的重要产业。红耳龟挤占了本地龟鳖的生态位，威胁本地龟的生存，造成减产，还可能造成本地龟的基因污染。因为它可以和本地的其他淡水龟类杂交，会影响本地龟类的遗传多样性。

刘兵：这里我想弄明白一件事，这些入侵种造成的

知识点

沙门菌（*Salmonella*）

沙门菌是一种常见的食源性致病菌，因 1885 年沙门氏等人在霍乱流行时，分离出来猪霍乱沙门菌，所以被命名为沙门菌。沙门菌在世界各地均有分布，而且生存能力强，传染性强。在水、牛奶、粪便中有一定的存活能力。在牛奶中不仅可以生存，还可以繁殖。在冰箱中可以存活 3~4 个月，在粪便中可以活 1~2 个月。据统计，在世界各种细菌性食物中毒中，沙门菌常列榜首，我国也以沙门菌为首位。沙门菌虽然抵抗力较强，耐低温，但是对热较为敏感。一般情况下 60℃高温保持 15 分钟或煮沸即可将其杀灭。

生态影响，包括让很多物种变得稀有、濒危甚至是灭绝，最终落脚到人的身上，会给人带来什么后果？

赵亚辉：看待外来种，我们不能只看它们造成的直接影响，比如经济影响，而要上升到一个比较高的层次，比如为什么要保护生物多样性、保护珍稀濒危动物，并不是因为它们少，也不是因为它们好看，最终目的可能是利用。也许我们今天认识不到，但未来某一天可能会用到这些物种。另外，物种太过单一的生态系统比较脆弱，一旦崩塌，对人类的生存是非常不利的。像云贵川高原、两广和海南，这些地区是我国本地龟鳖种质资源宝库，同时也很适合红耳龟的生存和繁衍，它们一旦入侵这些地区，很容易建立种群，必将给我国生物多样性造成无法挽回的损失，所以这些地区都建有红耳龟风险评估和预警系统，实施密切监测，及时发现并且上报，把入侵的红耳龟消灭在早期。

刘兵：所以要让大家知道，不要随便放生自己养的宠物，尤其是跨地域的物种，比如南方的带来北方养，然后再放生，都可能造成很大危害。

赵亚辉：是的。还有一种是宗教放生，西部的很多外来种入侵都与宗教放生有关。举个例子，对鱼类进行放生的时候，大家通常会挑那种便宜的，因为便宜的花钱少、数量多呀，而便宜的鱼往往都是野杂鱼，适应能力特别强。我国众多的宗教放生池无意中都成了红耳龟和本地龟竞争的试验场。有学者做过专门调查，结果发现，红耳龟的出现几乎无一例外地使本地其他龟类灭绝。在普陀山海印池所做的抽样调查显示，所有样龟全都是红耳龟，放生前存在的原生龟种完全消失了。

放生池里的红耳龟

麻烦的鳄雀鳝和“清道夫”

刘兵：这里面涉及人们应该如何养宠物、如何对待宠物的话题。你刚才说宗教放生也是外来种比较重要的入侵途径，宗教放生的本意是爱护生命，从宗教信仰的本质上来说,这个行为的出发点没错,但造成的后果不好。

赵亚辉：这就是好心办坏事，所以应该引导大家寻找其他方法。还有 2021 年讨论很热烈的鳄雀鳝（*Atractosteus spatula*）被人放生，这属于异宠放生。

刘兵：鳄雀鳝这件事我记得是发生在河南，当地为了抓它，用了一个月的时间抽干了湖里的水。

赵亚辉：北京、广州、青岛等国内多地也都发现了鳄雀鳝，都及时进行了捕捞。

刘兵：它是怎么来到我国的？

赵亚辉：早在十年前，鳄雀鳝就被作为观赏鱼引入了我国。越是这种稀奇古怪的动物，人们就越想养，后来几乎全国各地的水族市场都有鳄雀鳝。这其中就难免有人弃养。2014 年，仅广东省就有多达 21 个地区出现了被弃养的鳄雀鳝。2022 年还出现了咬人事件。

刘兵：为了抓它不惜抽干湖水，它的危害究竟有多大？

赵亚辉：鳄雀鳝是一种活化石动物，最早出现在白垩纪早期，和恐龙生存在一个时代。它身上长着极为坚硬的珐琅质鱼鳞，硬度与人体牙齿相当，可以帮助它们逃过更凶猛的食肉动物捕食。吻部像鳄鱼，上颌有两排

鳄雀鳝（*Atractosteus spatula*）

利齿，看上去就很凶猛，被称为“水中杀手”。它可以长很大，目前已知最长的 3 米，平均寿命 50~70 岁，肉食性，在我国野外几乎没有天敌。这种鱼能以河中任何一种鱼类为食，导致与它们同域分布的其他鱼类数量锐减，还会袭击水禽和小型哺乳动物。一旦形成自然种群，那对于其他鱼类就是毁灭性的。鳄雀鳝的性成熟时间为 3~5 年，性成熟后一条雌鱼的怀卵量在数万以上，因此当时在广州的白云湖里发现了鳄雀鳝，立即进行了捕捉，如果不捕捉，有可能给本地鱼类群落带来灭顶之灾。

不过，目前鳄雀鳝在它的原产地美国成了受保护的物种，因为之前渔民和相关部门的大量屠杀，导致野生数量稀少。目前我们的主要防控方法也是人工捕捞。

刘兵：新闻曝光的这类事件越来越多，现在已经立法规定有些放生是违法的。

赵亚辉：现在国家已经明确了入侵种的定义，并且有非常详细的法律来规范入侵种的相关处理。对于被列入入侵种名录的动物或者植物，严禁抛弃或者引入自然水体中。《外来入侵物种管理办法》中规定“任何单位和个人未经批准，不得擅自引进、释放或者丢弃外来物种”。以长江为例，如果在长江释放一条鳄雀鳝，就同时违背了《长江保护法》《生物安全法》以及《刑法》的第十一条修正案，可能需要同时承担民事和刑事责任。

刘兵：我记得去年广西百色市有个人因为放生“清道夫”被处罚，所以清道夫也是入侵种？

赵亚辉：对，清道夫鱼（*Hypostomus plecostomus*）学名下口鲶，也叫垃圾鱼、吸盘鱼、琵琶鱼。它原本分布于南美洲亚马孙河流域，在国际上是出了名的入侵种，给许多国家的水生生态环境带来了灾难。野外的清道夫鱼有的是被放生的，有的是从鱼缸逃逸出去的。目前已经广泛入侵我国自然河流水域，尤其是南方地区，广东省湛江市的雷州曾曝出有人在当地水库发现了超过 5 万千克清道夫鱼。

刘兵：很多人都养清道夫鱼，有它的鱼缸基本不用清洗，它在鱼缸里和其他鱼看上去也是井水不犯河水，它有什么危害呢?

赵亚辉：它是杂食性的，经常吸附在水族箱壁或者水草上，吸食藻类、青苔，因此而得名，很受人欢迎。但它并不只吃“垃圾”，你要是给它喂鱼虫，它就不吃这些了。它有水就能活，最长能长到30多厘米，食量巨大，而且比较凶猛，会吃鱼卵，一天能吃 3000~5000 个，还能吞下鱼苗。在我国目前还没发现它的天敌，繁殖力很强，给本地鱼类和其他水生生物造成很大威胁。

清道夫鱼（*Hypostomus plecostomus*）

清道夫鱼吸盘一样的嘴

千奇百怪的"放生"

刘兵："放生"在我国由来已久。《列子 · 说符》就记载了邯郸的赵简子元日（正月初一）放生的故事。北宋的王安石也喜欢从市场上买鱼再往江里放生。蒲松龄的《聊斋志异》有 20 多篇关于放生的故事，比如其中的《八大王》讲述了主人公冯生救了一只大鳖，后者为报恩借予他"鳖宝"，使冯生在三年内发家致富，跻身社会上层。正因为这种文化积淀和传统，放生行为一直活跃于民间。

赵亚辉：当年王安石从市场上买的鱼可能是渔民从附近的江中捕获的，再放生回江中也许并无不妥，但我们今天菜市场里的鱼虾就难说了。而且，现在有些放生行为非常功利，直接向水体中成批地倾倒。

刘兵：近年来放生总是和一些让人啼笑皆非的事牵扯在一起，比如什么 41℃高温下放生 4 千克鱼籽，

放生狐狸结果狐狸不领情把鸡全吃了，放生 40 卡车鱼结果里面有食人鲳之类的。

赵亚辉： 还有的人在放生的龟背上留下名字。

刘全儒： 放生蛇的也不少，有的人偏信蛇“有灵性”，有的人认为越毒的蛇越“灵”……保护自然、爱护生命的初衷变了味儿。

“放生”即“杀生”？

刘兵： 今天一开始提到的活体宠物盲盒这种形式，很容易把入侵种，也就是异宠带进来，所以后来被主管部门禁止了。还有，我看现在很多公园贴出了“禁止放生”的标识，这在以前是没有的。

赵亚辉： 是的，很多异宠是从国外带进来的，比如蛇、蜥蜴等，包括你说的盲盒这种形式。消费者之前可能对物种的习性并不了解，收到之后发现养不了，就会到处找地儿放生。除了带来生物入侵的影响之外，一下子大量地放生也给局部环境带来了灾难。放生的物种大概只有百分之十能存活下来。

刘兵：也就是说存活率并不高？老百姓放生也好，宗教放生也好，都是希望避免杀生，但这种违反生态学规律的盲目放生，其实反而难以达到挽救生命的目的。

刘全儒：是这样。尤其是异域放生，放生的环境可能并不适合该物种的生存。就算环境适合，已适应豢养的宠物缺乏野外生存能力，可能无法在野外生存。被放生的动物 90% 会死亡。也可能它适应力特别强，像这些入侵种，就会给本地种带来威胁。所以，无论是哪一种情况，放生本身可能就是杀生。

赵亚辉：而且现在放生形成了产业链，专门有人把放生的物种捞出来再卖给别人，别人买了再去放生。这头放，那头捞，放的不管捞的，只为了放生而放生。

刘全儒：因此也催生了不少野生动物贩卖行为。鸟类放生也比较多见，鸟类研究专家刘慧莉曾表示，“大家看到一只活的放生鸟，背后是更多的尸体，在粘网上、在运输过程中，有大量的鸟类死亡……有研究人员告诉我，一只放生鸟背后是 20 只同伴的尸体”。

刘兵：总结一下放生这件事，第一，你放生的动物可能是人为捕获来售卖的，这个过程中可能造成这些动物的伤亡；第二，放生之后，绝大多数都活不下来；第三，少数活下来的那些，就成了一个新的入侵种，对当地其他物种的生存又形成了威胁。所以，放生并不是一件好事。

赵亚辉： 其实随着类似新闻事件的曝光，人们开始意识到放生带来的隐患。记得前不久的一个新闻，有人在太湖放生北美珍珠鳖，引起了当地渔政部门的介入和调查。不管这件事的后续如何，单从网友对这件事的评论来看，大多数人已经意识到随意放生的危害，明白会受到罚款等相应的处罚，也有不少网友提到了“外来种”之类的关键词，可见人们对放生的认识有了很大提高。

宗教放生的替代做法

刘兵： 对于有宗教信仰的人们来说，我们不能强行禁止他放生，因为他有这个需求，那有什么好的解决办法？

赵亚辉： 首先，主管部门的态度不是杜绝一切放生，而是引导大家科学放生，比如明确指出了适合放生的时间、地点、品种、数量等。北京的主管部门专门划定了一些放生区域，还会提供专门供放生的动物，来保障放生生物的来源、品种（一定得是本地的）、数量，这是很好的做法。其次，各地的宗教协会也会在寺庙之类的地方进行宣教。像中国佛教协会和中国道教协会都曾经给信众发过关于合理放生的倡议书，指出放生应该“随缘”“择物”“择地”，这就是种很好的引导。有的地方还想过一些办法，比如号召想要放生的人用这些钱请没有宗教信仰的人吃一顿素斋，变相地减少杀生，一样可以达到行善积德的目的。这也提供了一个很好的思路。

刘兵：那异宠放生呢？的确养不了了，不放生还能怎么办？

赵亚辉：对于异宠放生，主管部门也提供了一些对策，比如安排动物园、动物救护中心接收；一些环保组织也会发动社会力量来处理；市场监管部门也发挥了一定的作用，比如查处那些从国外带进来的没有手续的异宠。

刘全儒：我们说的放生通常指的是动物，其实植物的入侵也和放生有关。这些年很流行养国外进口的水生动物，伴随这些水生动物进来了大量的外来水草。在放生的时候，这些水草也进入了自然水体，形成了入侵，比如前面说过的水盾草。目前还有很多我们尚未鉴定出的外来水草，因为有水盾草作为前车之鉴，这一点我们也不能忽视。

放生池

知识点

怎样才算科学放生？

1. 在物种选择上，要挑选本地原生种，不能是外来种，更不能是人工饲养的宠物；

2. 要控制放生的数量，不能对原生种造成冲击；

3. 要把握好放生的地点和时机，选择主管部门指定的放生地点，时机安排在动物生长发育最旺盛的季节；

4. 放生动物前务必要经过检验检疫，确保其不携带病菌，且放生后要跟踪观察，必要时实施救助。

微生物界的入侵

刘兵：刚才说到巴西红耳龟传播细菌这一点时，我突然想起咱们这些天没有涉及的一个盲区，就是像细菌、病毒这些微生物，它们存不存在入侵问题？

刘全儒：微生物界也存在入侵。IUCN 公布的全球 100 种最具威胁的入侵种名单中，就有 7 种微生物。你提的这个点非常好，其实微生物这个层面有很多可以聊的，不仅有入侵种，而且一些微生物还对物种的入侵起到了促进作用。

刘兵：咱先来说说微生物的促进作用吧。

刘全儒：我不是微生物领域的专业人士，只是看过一些这方面的文献。有研究人员发现，一些真菌在外来植物的定殖中起到了一定的促进作用。比如，一种叫丛枝菌根的真菌与加拿大一枝黄花、斑点矢车菊等入侵植物形成了共生体，大大提高了这些植物的入侵潜力。丛枝菌根还能显著增加豚草的株高、基径、叶片数、生物量等，从而进一步促进其入侵。

在研究紫茎泽兰时人们发现，重度入侵地的土壤肥力、固氮菌数量和多样性显著高于轻度入侵地和非入侵地，表明外来固氮植物通过与土壤中的固氮微生物共生，能使固氮微生物提高土壤中氮的含量和可获得性，创造出有利于外来植物入侵的土壤环境，从而提高入侵的可能性。

刘兵：这些都是植物的例子，有微生物与动物互利共生的例子吗？

赵亚辉：很多。比如，入侵昆虫红脂大小蠹与长喙壳类真菌伴生，这些真菌存在于植物的根、表皮等处，其中一种名为长梗细帚霉的伴生菌能降低寄主油松的抗性，从而促进它的种群扩张。而红脂大小蠹对该伴生菌也有促进作用，幼虫可以产生挥发物，来抑制本地其他真菌的繁殖。再比如，一种伴生蓝变菌能提高松材线虫后代的数量、雌雄性别比、发育速度等，还能促进松材线虫的媒介昆虫——松墨天牛幼虫的生长发育，并提高它的存活率。

刘兵： 微生物对入侵动植物除了具有促进作用外，有抑制作用吗？如果有，是不是一种防治入侵的新途径？

刘全儒： 有促进，就有抑制。入侵植物和土壤微生物的关系早已引起了我国生态学者的重视，通过土壤病原微生物的筛选、优化，获得生态安全系数比较高的菌种，这个方法未来或许可以成为防治入侵种的重要方法。

刘兵： 我国有哪些微生物入侵的典型事件？

刘全儒： 举一个例子，小麦容易发生一种病害，叫小麦矮腥黑穗病，这是一种重要的国际检疫性病害。看名字就能知道，得了这种病的小麦比较矮小，高度仅有正常的 1/4~2/3，病穗上的籽粒变成了黑色粉状，而且有腥味。小麦矮腥黑穗病流行引起的小麦产量损失一般为 20%~50%，严重时可达 75%~90%，甚至会导致小麦绝产。这种病害是由小麦矮腥黑粉菌（*Tilletia controversa Kühn*，简称 TCK）引起的，这种病菌是我国外来微生物入侵研究的重点之一。

刘兵： 它是什么时候传到我国的？

刘全儒：什么时候传入的不太清楚，小麦矮腥黑穗病起源于北美洲和欧洲，目前在世界上已经很普遍了。这种病菌的抗逆性极强，其冬孢子在土中可存活 3~7 年。病害一旦发生，很难根除，所以国际上有 15 个国家将其列为检疫对象加以防范。我国从 20 世纪 60 年代开始一直将此病害列为一类对外检疫对象。

刘兵：分子生物学的发展让很多口岸检疫的准确率和效率提升了很多倍。

刘全儒：是这样的，传统的病害诊断、检测方法主要是依据病原形态学、生理学和生物化学的特性，不但过程繁琐、周期长，而且精度不高。比如 TCK 和另一种与它近缘的菌在形态学上极为相似，难以区分。利用分子生物学手段就能快速、准确地鉴别出 TCK。针对微生物检疫，我国还推出了检测试剂盒，能满足口岸检测快速、准确的要求。

谨慎引种的反思

在入侵种中，人为引入的其实占大多数。我们相信，当初引种时肯定也是有充足的科学依据的，但这个依据本身具有不确定性，我们在引进某个物种时，并没有认识到后续可能发生的不良后果。现在我们认识到了这一点，是否还要继续引入外来种？到底需要谨慎到什么程度？

从引种到入侵

刘兵：今天是我们谈论生物入侵这个话题的最后一天，我想再谈谈谨慎引种的问题。因为无意传入的物种我们不容易发现，但主动引入方面，可人为操作的空间就比较大了。

刘全儒：我国目前引种的规模还是相当大的。引种后形成入侵，最典型的例子之一就是互花米草（*Spartina alterniflora*）。

刘兵：这个我们比较熟悉，在沿海地区比较多。它的入侵是怎么形成的?

刘全儒：互花米草原产自美国东南部海岸，是一种海岸植物，生长于海岸滩涂湿地，最高能长到两三米。互花米草是自然杂交种，20 世纪 40 年代人们才将这个物种准确地鉴定出来。1979 年，互花米草从美国被引入中国，最初先是在南京大学植物园试种，成功之后便推广至沿海各个地区，被广泛种植于广大河口和沿海滩涂，并在海岸带迅速蔓延。

互花米草（*Spartina alterniflora*）及其群落

刘兵：一般这种蔓延迅速的物种，它的繁殖力肯定很强。

刘全儒：对，这里面既有它自身繁殖力的作用，也有人为因素。互花米草既能有性生殖，也能无性生殖，它的根状茎有较强的繁殖能力。在潮汐的作用下，它的植株和根状茎被冲刷下来，和种子一起顺水漂流，具有很强的定居和扩张能力。美国学者做过统计，华盛顿州的滩涂上，根状茎的横向延伸速度为每年 0.5~1.7 米。而且它对水淹也有较强的耐受力，可以耐受每天 12 小时的浸泡。当然，引种早期种群数量的迅速增长，人为因素的作用更大一些。

刘兵：就是说引种早期的扩张是人为影响的，后期主要是靠它自己。那当时为什么要把它从美国引过来？

刘全儒：最初海岸研究人员把它作为固淤、护坡、保堤的物种引入的。因为它的根特别长，而且横向生长，能把沙子固定住，避免被海浪带走。在它之前，人们先引入了大米草（后来也成了入侵种），结果发现大米草植株比较矮，产量低，收割起来也不方便，于是又引入了互花米草来弥补大米草的不足。互花米草对防止海水侵蚀堤岸比较有效，的确起到了这个作用，只是后面副作用大了一些。

入侵成功后，带来了哪些“副作用”？

刘兵：具体有什么“副作用”？

刘全儒：它在潮滩湿地的生境里具有超强的繁殖能力，严重威胁着海滨湿地本地种的生存。它的危害主要有两个方面：一是它侵占原生植物的生存空间，造成本地种群数量减少，比如它造成了红树林的退化，互花米草所到之处，红树林植物大幅减少；二是侵占滩涂，对海鸟的生存造成威胁，因为它长得十分密集，海鸟迁徙时无处落脚和觅食。据统计，在美国威拉帕（Willapa）国家野生生物保护区，互花米草的入侵使水鸟越冬和繁殖的关键生境减少了16%~20%。滨海物种沙蚕也因为互花米草的侵占失去了生存空间，以沙蚕为食的鸟类也受到了影响。我国上海崇明东滩，在引入互花米草之前，这里的滩涂可以分为芦苇带、海三棱藨草或藨草带、光滩、潮下带，这些都是鸟类的良好栖息地。互花米草被引入以后，它们占据了芦苇带、海三棱藨草的中间位置。与芦苇和海三棱藨草相比，互花米草具有明显的竞争优势，迅速降低了海三棱藨草的分布面积，压缩了芦苇的生存空间，并逐步取代了海三棱藨草，成为该地的优势种，导致以海三棱藨草为食物来源和避难所的鱼类、鸟类、昆虫的种群数量减少，滩涂的生态系统被破坏。它还会堵塞航道，影响船只出港。其实它还有一个危害不太明显，就是对本地微生物群落结构带来影响，进而影响生态系统的营养循环规律。我们知道，规律一变，长期适应本地环境的其他物种都会受到影响。互花米草已被列入全球 100 种最具威胁的入侵种名单，我国是受其危害最严重的国家之一。

刘兵：对于互花米草的入侵，我们目前采取了哪些防控措施？

刘全儒：互花米草一旦入侵成功，控制起来非常困难，而且成本高昂。对于刚定居的互花米草，可以人工拔除幼苗，但得拔除很多次，才能彻底清除。对于已经建成种群的，这个办法就不好使了。对于小面积的互花米草，可以用织物覆盖的方式，目的是阻断光合作用，连续覆盖 1~2 个生长季，可以抑制它的生长。对于较大面积的互花米草，我们可以用机械刈割的方式，从互花米草返青到秋季死亡期间进行。生物防治比如引入天敌，虽然可以暂时降低密度，但并不能斩草除根。除草剂可以有效灭除互花米草，但会造成化学残留。我们前面说了，对付入侵生物，管控是次要的，重点还是在“防”。要对互花米草可能入侵的地点进行预测，尽早核查是否出现了繁殖体，在其进一步扩散之前用较低的成本将其去除。

互花米草的故事，其实还有后续。当时为了抑制互花米草，引入过另一个物种——无瓣海桑（*Sonneratia apetala*）。它生长速度很快，在短期内可以超过互花米草的高度，并且能迅速郁闭成林，从而抑制互花米草的生长。虽然对互花米草的抑制效果明显，但它对本地的红树林等植物也造成了影响，目前已经在一些地区形成了入侵，这些地区又开始了对无瓣海桑的砍伐和控制。虽然它还没被定性为入侵种，但在一些地区的危害是有目共睹的。

谨慎引种，应谨慎到什么程度？

刘兵：之所以最后一天选择用互花米草收尾，因为它代表着入侵生物学想要告诉我们的——能做什么和不能做什么。在此我想做个总结，咱们就想到哪儿说到哪儿吧。

首先，这十天的讨论使我们了解了很多生物入侵现象，因为入侵生物学是一门应用型学科，应用才是关键，接下来我们该怎么办？入侵生物学到底可以用来解决什么问题？目前还不能解决什么问题？请您二位做一个简单的概括。

刘全儒：入侵生物学的主要目的就是搞清楚这些入侵生物的机制，以及了解这些机制后，我们能做什么、怎么做。

刘兵：能做什么这里面也包含不能做什么。先从不能做什么开始，比如今天的例子互花米草，是人们有意引进的物种，利用它想达到一个目的，比如生态价值、经济价值。如今我们知道了，在引种上要有全面意识，要谨慎，至少不能只看短期利益而盲目引进。

刘全儒：有意引种之前，我们有时考虑不周，导致一些潜在的入侵种被引入，继而造成危害，所以引种时一定要谨慎。

刘兵：这里面也涉及引种当下人们对科学的认识。我们现在认为，科学的本质中存在不确定性。相信引种时肯定也是有科学依据的，但这个依据本身具有不确定性，我们对这个不确定性的认识还不够。我们在引入某个物种时，并没有认识到后续可能发生的不良后果，也就是对科学未来走向的不确定性的认识不到位。现在我们认识到了这一点，那之后怎么办？是否还要继续引入外来种？到底应该谨慎到什么程度？

刘全儒：整个生物入侵的防控是个系统工程，既跟我们个人密切相关，也跟政府管理层面紧密关联。我们要建立系统化的防控体系，比如有专家支持的检测评估体系，对于想要引入的品种，先通过专家系统评估。专家团队应该由各个学科的多位专家组成。

刘兵：而且必须有研究入侵生物学的专家。

刘全儒：对，这样虽然不能百分百避免物种入侵，至少可以杜绝一大部分。

刘兵：提高避免风险的可能性。

刘全儒：是的。还应该有良好的管理体系。

刘兵：那最终的决策权在哪里？

刘全儒：在管理部门。

刘兵：依你们过去的经验，你们作为专家提出的意见，会被采纳吗？

刘全儒：会。

赵亚辉：现在政府部门是很重视专家意见的。引种时他们其实也很谨慎，也怕引进来一个经济效益达不到预期、还对生态造成危害的物种。目前虽然没有形成一个完整的专家评估体系，但已经朝这个方向在努力了。

刘兵：你作为给本地种把门的人，能不能说说怎么才算谨慎引种？

赵亚辉：如今，生物入侵现象几乎遍及人类能到达的所有地方，即便是南极大陆，也有了10来个定殖的入侵种。我们每个人的生活都至少受到几种入侵生物的影响，只是有时候我们意识不到。这种局面，归根结底是人类的活动打破了原有的地理屏障导致的。因此，我认为人类首先应该对大自然抱有敬畏之心，在引种时要考虑得深刻一些，长远一些。一二百年前，甚至几十年前，人们是没有这种态度的，当时就是为了增加收入，根本不考虑对自然环境的影响。我们应该从根上改变这种态度。

刘兵：敬畏自然，这不只是在生物入侵方面，生物伦理、生命伦理、生态伦理等各个研究领域，都主张这一点。过去在“人定胜天”理念的驱使下，人类肆意改造自然，造成了很多灾难，最终还是得为自己的狂妄埋单。事实上，我们这些年一直在转变。比如当年印度洋海啸事件，引发了社会各界人士关于人类是否应该敬畏自然的争论；还有圆明园大规模铺设防渗膜事件，也引起了不小的争论，一些专家甚至称之为“生态灾难”。

赵亚辉：是的，类似的例子有很多。具体到入侵生物学，前面我们说过，入侵生物学发展时间比较短，目前了解的只是冰山一角，里面有太多我们不知道的东西，入侵时间、机制、条件和制约因素、对我们还有什么潜在影响，都需要更加深入的研究。

刘兵：你说的这个认识的有限性，与敬畏之心也是有关联的。正因为我们做不到充分认识自然，才应该更加敬畏它。

赵亚辉：对，就我们目前所认识到的这部分来说，必须敬畏，因为还有更多的未知要去认识和了解。

刘全儒：这是一个困境。人类的活动不可能停止，所以外来种今后仍然会通过种种途径到来，我们能做的，就像这本书的问世一样，通过经验和教训的分享，让入侵发生得晚一些，让我们离目标更近一点，给本地种和我们人类争取更多的时间。

生物入侵防控体系如何分工？

刘兵：我们社会有不同群体，群体间有明确的角色分工。对于入侵生物的防控，有主管部门、专家学者和社会公众，这三个群体具体是如何各司其职的？

赵亚辉：首先，随着国际贸易、人员往来的日益频繁，生物入侵的防控其实更多地属于国际行动，需要全球的通力合作。其次，各个国家需要守好国门，这个是双向的，既要严防有害生物从国外传入，也要严防有害生物从本国传出。目前各国在这方面主要采取的是口岸检疫这样一种强制性措施，包括快速检测技术、除害处理技术等一系列防控手段。

刘兵：能否举几个例子，哪些东西是口岸检疫的重点对象？

赵亚辉：动物方面，主要是那些未加工的或者虽然经过加工仍然有可能传播疾病的产品，像肉制品、皮毛类制品等。

刘兵：对活体动物是如何把关的呢？我们经常能看到游客偷偷携带的活体动物入境被查获的新闻，这些活体动物往往都具有入侵性。

赵亚辉：对，我记得 2014 年的时候，顺德海关从一位香港入境的旅客行李中截获了 100 只绿鬣蜥（*Iguana iguana*），很多人喜欢把它当宠物养，实际上它是濒危物种，而且还具有入侵性。这方面的例子很多，近几年已经加大了这方面的审查力度。

绿鬣蜥（*Iguana iguana*）

刘兵：植物方面，哪些物种需要重点检测？

刘全儒：像栽培植物、野生植物和种子、种苗和其他繁殖材料，还有水果、木材、粮食、药材、烟叶、干果等，都是重点检查对象。除此之外，无论是动物还是植物，对于它的运输工具、盛装容器、包装材料也都会进行检测。

刘兵：动物也好，植物也好，在检测过程中，有些是否有问题未必一下子看得出来。我记得前面我们讲过的松材线虫、美国白蛾、红脂大小蠹都喜欢藏在树皮里面，隐匿性非常强，不容易被发现，那这种情况口岸检疫部门怎么处理呢？

赵亚辉：现在大多数国家采取的形式是抽样检疫，就是抽取一定数量的样品进行检测和处理，毕竟全部检测不现实。对于被抽中的样品，口岸检疫部门有一套固定的检疫程序，主要包括这么几个环节：检疫许可环节，像动物、动物产品、植物繁殖材料以及那些检疫法规所规定的禁止入境的物品想要入境，需要提前向检疫机关提出申请，他们审查决定是否批准输入；检疫申报环节，是申请检疫的法律程序；现场检验环节和实验室检测环节，检疫人员在现场抽样和检查，并初步确认是否符合相关检疫要求，然后再送到实验室借助实验室仪器设备进行检测；检疫处理环节，就是根据检测结果，采取退回、销毁、除害等处理方式。检测如果通过了，就出证放行。

刘兵：对于已经入侵成功的物种，还有必要继续进行检疫拦截吗？

刘全儒：这个问题问得非常好！答案是肯定的，当然要拦截，因为要防止多重入侵。我们都知道，外来种传入后，由于基因库不够大，遗传潜力较差。随着传入数量的增多，入侵种群的基因就越加丰富，遗传多样性得到提高，那么种群的适应能力、生存能力将变得更强。而新的入侵个体还可能携带新的寄生、共生生物进来，可能影响入侵种群的活力，并且有可能和本地的其他生物发生新的相互作用。

刘兵：针对外来种的检测手段有哪些？

赵亚辉：对外来种的检测要求快速而精确，这是控制和减缓灾害威胁最关键的第一步。在口岸检疫中，外来种的检测技术主要包括形态学检测、生物学检测、生理生化检测、免疫学检测和分子生物学检测技术等。鉴定不同类别的外来种所用到的检测技术有所不同。例如，针对动植物，形态学检测技术和分子生物学检测在口岸检疫中都有应用；针对病原微生物，应用较多的则是免疫学检测和分子生物学检测技术。

刘兵：如果发现有问题，比如在木材中发现了松材线虫，一般有哪些处理方式？

刘全儒：常用的口岸除害处理技术包括一些化学类

技术如熏蒸处理，物理类技术如辐照、高温和低温处理。当然，各类除害处理须达到相关的检疫要求。

熏蒸处理就是利用熏蒸剂在密闭的场所或容器内杀死病原菌、害虫等有害生物。比如，采用溴甲烷对从美国进口的物品的木质包装材料进行熏蒸处理，以防松材线虫入侵，最低熏蒸温度不能低于 10℃，熏蒸时间不少于 16 个小时。

辐照处理是利用 γ 射线等照射有害生物，让它不育或者不能完成正常的生活史的除害技术。这种技术比较适合口岸的应急性处理，不会污染环境，也不会损害产品。

还有高温和低温处理技术。对木材等一般采取干热处理，预防松材线虫也经常采取这种热处理方式，必须保证木材中心温度至少达到 56℃，并持续 20 分钟以上。对水果等一般采取湿热处理。低温处理通常在冷藏库或冷藏室中进行。

刘兵：哪些物品类型需要除害处理？

刘全儒：我国主要入境植物及其产品的除害处理要求包括粮食、豆类及油料、薯类、水果类、烟草类、植物栽培介质、种苗花卉、木质包装材料等多种产品。

刘兵：以上这些是政府主管部门最重要的任务——把好检疫关，守好国门。除了国门，是不是还有省界？前面我们也提到了国内地区之间的入侵。

刘全儒：只要是上了检疫名单的物种，除了国境检疫，国内也是需要检疫的。除了把好检疫关，主管部门也要多参考科学家的研究成果，避免盲目引种或其他不科学的方式带来的生物入侵。

知识点

我国禁止进境的物品有哪些？

第一，根据《中华人民共和国进出境动植物检疫法》第五条第一款规定，国家禁止进境的物品有：

1. 动植物病原体（包括菌种、毒种等）、害虫及其他有害生物；

2. 动植物疫情流行的国家和地区的有关动植物、动植物产品和其他检疫物；

3. 动物尸体；

4. 土壤。

第二，根据《中华人民共和国禁止携带、邮寄进境的动物、动物产品及其他检疫物名录》的规定，国家禁止携带以下动物、动物产品等进境：

1. 动物：鸡、鸭、锦鸡、猫头鹰、鸽、鹌鹑、鸟、兔、大白鼠、小鼠、豚鼠、松鼠、花鼠、蛙、蛇、蜥蜴、鳄、蚯蚓、蜗牛、鱼、虾、蟹、猴、穿山甲、猞猁、蜜蜂、蚕等；

2. 动物产品：精液、胚胎、受精卵、蚕卵、生肉类、腊肉、香肠、火腿、腌肉、熏肉、蛋、水生动物产品、鲜奶、乳清粉、皮张、鬃毛类、蹄骨角类、血液、血粉、油脂类、脏器等；

3. 其他检疫物：菌种、毒种、虫种、细胞、血清、动物标本、动物尸体、动物废弃物以及可能被病原体污染的物品。

在外来种的引入与防控上，决策者的影响力更大，负有更多的责任。入侵生物学的发展给决策者提供了更多依据，这其中包括专家学者的意见和研究数据。科学家要做的是加强对物种入侵机制、有效应对措施的研究，不仅如此，还要把研究结果传播给大众，就像我们这本书的最终目的。第三个群体就是普通老百姓，虽然既不是决策者也不是科学家，但在入侵生物的科学传播中，他们也可以对自身行为进行约束，有了这些知识背景后，可能就会自我调整。比如不随意携带动植物回国，还有科学放生。公众也可以成为入侵防控的志愿者，这样一

旦遇到局部地区生物入侵事件，及时上报，可以为主管部门和科学家们争取时间。针对这一点，我们的防控体系应该设置个人入口，以便公众及时上报。

刘兵：引还是不引，怎么引，要多么谨慎，这个度还挺难把握的。

赵亚辉：我们也不能因噎废食。引入外来种的正向例子其实更多，我们吃的很多东西都是外来的，比如带“番”字的都是从南边过来的，如番茄、番石榴；带“胡”字的都是从西域过来的，如胡萝卜、胡椒；还有我们常吃的小麦、玉米、辣椒也都是外来种。这些外来种不但给我们带来了经济利益，还深刻影响着我们的社会文化，为我们做出了巨大贡献。因此，不能因为害怕生物入侵，就什么都不做了。

我们还能不能回到没有蟑螂的世界？

刘兵： 这十天的谈话，对我冲击比较大的一点是，其实入侵生物学在警示我们未来应该怎么办，要多么谨慎，本身有积极意义，但过去的经验教训又比较令人沮丧，因为入侵一旦形成，人类只能寻求共存或局部消灭，无法回到从前。除非哪天科学有所突破，否则我们要一直和蟑螂打交道了。

赵亚辉： 对入侵种，要树立这样一个观念——防大于治，这也是我们为什么要建立一个完善的防控、监测体系。像美国白蛾这种，一旦发现，立即将其控制在小范围内，比扩散后再大面积消灭要有效得多。

刘兵： 目前采取的监测手段有哪些？

赵亚辉： 对入侵种的监测，分为常规监测和特定调查。常规监测是指针对一个特定地区，常规收集和分析物种数据，调查是否有入侵生物，以及入侵发生的情况。

一旦发现情况，就要对这个区域或者这种生物开展专门调查，也就是特定调查，比如野外监测。野外监测的手段有很多种，以昆虫为例，常用的监测手段是诱捕监测，就是把信息素或者诱饵放入特制的诱捕器中，来诱捕成虫。诱捕器只能在害虫成虫发生期使用。

昆虫诱捕带

刘兵： 信息素是什么？

赵亚辉： 昆虫信息素是昆虫自身产生和释放的在种

内和种间的个体间传递信息的物质，在求偶、觅食、栖息、产卵、自卫等过程中起通讯联络作用。

刘兵：野外监测是防控的重要手段。防重于治，但并不是说不治。前面我们讲了很多治理措施，这里再总结一下目前主要的防治措施有哪几种。

刘全儒：第一种是人工、机械防除，就是依靠人力、机械设备捕捉或拔除入侵生物。这个方法适用于刚刚引入、处于建立种群或潜伏阶段、还没有大面积扩散的入侵种。我国对水葫芦、紫茎泽兰、微甘菊、美国白蛾等的治理都采取过这种方式，比如人工打捞水葫芦，在紫茎泽兰开花之前对其进行人工挖除，人工拔除微甘菊，人工剪除美国白蛾的幼虫网幕等。这种方法的缺陷很明显，效率比较低，而且对于高繁殖力的外来种需要年年进行，而对于那些沉入水里和深埋土壤中的物种则无能为力。另外，如果拔除后处理不善，可能成为新的传播源，加速其扩散。

刘兵：这些就是我们所说的物理措施。

刘全儒：人工、机械防除属于物理防治手段，除此之外，物理防治手段还包括利用各种物理因子，比如光、色、电、温湿度等来杀死、驱赶或隔离有害入侵生物。比如，利用昆虫的趋光性对成虫进行光电诱杀，不过这种方法在诱杀入侵种的同时，对天敌也会构成一定的影响。再比如，利用高温进行旱田除草。对于易燃的外来种，有时采用火烧的办法，以控制草地里的外来树种，像用火焰去除玉米田的杂草。这些方法的优点在于经济、简便、适用，对环境安全，无残留，不会使入侵种产生抗性。

刘兵：产生抗性，那就属于化学防治的范畴了。

刘全儒：是的。化学防治就是使用化学药剂来控制入侵生物。比如对紫茎泽兰的防控，在危害严重、面积大、人工清除有困难的地方，使用化学药剂结合人工清除，在一定范围内能取得较好的效果。

玉米田里的“幺蛾子”

刘兵：化学防治效果可能立竿见影，但危害也可想而知，比如造成环境污染。

赵亚辉：其实化学防治不仅会对环境造成污染，对于我们想要保护的物种本身也可能带来反向威胁。比如世界十大害虫之一的草地贪夜蛾（*Spodoptera frugiperda*），它对粮食作物尤其是玉米的为害性极强，目前主要的防治手段就是喷洒农药。但是，中国热带农业科学院环境与植物保护研究所的入侵害虫研究团队研究发现，大量使用农药防治草地贪夜蛾，会影响玉米田中蜜蜂等有益昆虫种群，因为玉米在花期为蜜蜂提供了丰富的花粉，授粉昆虫越来越少，玉米的产量也会受到影响。

刘兵：我们前面聊自然扩散的时候提到过草地贪夜蛾，当时说它的迁飞能力很强。

赵亚辉：对，它是全球重大迁飞害虫，英文名是“fall armyworm”（行军虫），因为它在幼虫阶段取食时像军队作战，转移的时候又像行军一样迅速。它在美洲大陆生存了数百万年，结果在2016—2019年，仅用了3年时间，就遍布100多个国家和地区。非洲尤其严重，以近乎失控的速度泛滥成灾。2018年联合国粮农组织做过统计，在被入侵的非洲12个玉米种植国家中，仅草地贪夜蛾造成的玉米减产所带来的经

草地贪夜蛾（*Spodoptera frugiperda*）幼虫

济损失就有60多亿美元。2019年，联合国粮农组织成立70多年来第一次针对一种特定害虫向全球发出预警，就是因为它。

刘兵： 有时候买回来的玉米打开一看，里面趴条虫，就是它吗？

赵亚辉： 很有可能是它的幼虫。它会“假死”，把它放手里它就蜷缩着，其实还活着。在受灾的玉米地里，能看到每株玉米上都趴着一两只草地贪夜蛾的幼虫，它们把叶片钻出上百个窟窿，甚至把刚长出来的玉米啃得芯都不剩。被啃食过的玉米叶片有的表面还剩下一层薄膜，有的干脆像漏勺一样千疮百孔。

刘兵： 它是怎么突然间蔓延扩散开的？

赵亚辉： 它迁飞能力很强，能在几百米的高空乘着气流定向迁飞，每晚能飞上百千米。如果风速和风向合适，还能扩散得更远。有报道称，草地贪夜蛾的成虫仅用了3个小时就完成了从美国密西西比向加拿大的迁飞，行程达1600千米。但幸好多数成虫都没这么厉害，而且它们的平均寿命只有10天左右。但即便如此，也足以在一两代以内推进一两个省份。不过草地贪夜蛾的迁飞能力再强，也没有跨大洋的飞行能力。目前业界普遍推测，我国的草地贪夜蛾可能是轮船、飞机等交通工具携带而来的。

刘兵：我国的受灾情况如何？

赵亚辉：2019 年 1 月，人们在云南省普洱市首次发现它的踪迹，但到了 7 月，就有超过 18 个省区的 20 多万公顷作物受灾。当时国家农业农村部紧急拨付了 5 亿元防控资金，以遏制它暴发，保障粮食安全，我国才没有出现非洲那样严重的虫害。

刘兵：它在美洲的危害也这么大吗？

赵亚辉：它在美国也是主要的农业害虫，美国和它斗争了上百年，抗药性就不用说了，光是抗草地贪夜蛾的转基因玉米就开发了好几种，但每年仍然损失惨重。不过它在美洲大陆有大量的天敌，在一定程度上限制了它的发展。即便如此，它在原产地依然是重要的害虫，可见我们要面临怎样的形势。

刘兵：我国什么时候开始关注它的？

赵亚辉：它过去长期为害美洲大陆的农作物，国内学者关注得不多。实际上，2017 年一场国际玉米病虫害防治会议上，我国专家就注意到了非洲暴发的相关病虫害灾情，当时的描述就已经挺严重了。

刘兵：那当时有没有采取加强边境检疫之类的措施？

赵亚辉：从入侵印度开始，专家们就判断出它早晚会进入我国，当时农业农村部还讨论过是否有必要加强海关检验检疫，但是因为它迁飞能力很强，一个晚上能飞上百千米，母蛾子在产卵前能飞 500 千米，相当于京沪之间的距离。漫长国境线的上空要怎么隔绝？所以当时就知道想要拒之国门外已经不可能了。

刘兵：它到了我国也具有抗药性吗？

赵亚辉：对，当时针对常规菜蛾的杀虫剂根本不管用，一些地区往往把多种农药叠加起来使用，不仅种植成本提高了，对农业生产安全和环境安全也带来了很大威胁。

刘兵：除了喷药，还有其他办法吗？

赵亚辉：还有一些辅助性的办法，比如用杀虫灯诱杀成虫，以减少产卵量。因为它在入侵地几乎没有天敌，目前有学者研发出了各种寄生蜂，在田间释放，可以使农药使用量减少 20% 以上，并且能有效控制草地贪夜蛾

草地贪夜蛾成虫

的为害。现在每年我国农业技术中心都会对它进行预警，这是 2023 年 4 月发布的预警数据："5~6 月草地贪夜蛾总体发生程度中等，全国发生面积 53 万多公顷，其中西南、华南地区偏重，江南、长江中下游地区中等，江淮、黄淮、西北地区偏轻。5 月初，草地贪夜蛾将进入北迁始盛期，长江中下游、江淮、黄淮、西北地区会陆续见虫。"这些数据是对虫源基数、南方春季玉米种植布局和气候等因素综合分析得出来的。

刘兵：使用寄生蜂防控，算生物防治的范畴了。

赵亚辉：生物防治，就是以一种生物抑制另一种生物。它有几种方式：一种是入侵地环境中没有该入侵种的天敌，可以从入侵生物的原产地或自然分布区把它的天敌引进来，释放并建立种群；如果该入侵种在入侵地有天敌，但是抑制能力不够强，那么可以通过提高该天敌的生存环境，来加强其控制入侵种的作用；还可以通过人工大量繁殖天敌，然后释放，来达到抑制入侵种的目的。

刘兵：引入天敌的方式，实际上打破了食物链的平衡，那会不会对其他层级的生物造成影响？

赵亚辉：引进专食性天敌填补的是缺失的生态位，一般不会影响上一营养级的本地生物，因为本地广谱性天敌本身可以利用本地寄主或猎物。生物防治的优势在于一旦引入的天敌建立种群，无需人为介入，即可繁殖、扩散，对环境友好、控效持久、防治成本低廉，尤其适合控制大规模分布于自然生态或荒野地中的入侵种，比如杂草。目前我国针对 20 余种入侵种如空心莲子草、豚草等先后引进了 40 余种天敌，筛选并利用了 20 种有价值的天敌，取得了较好的控制效果。

刘兵：生物防治其实也有风险，容易带来新的隐患。

赵亚辉：对，引进天敌防治外来有害生物之前，如果不经过谨慎的、科学的风险评估，很可能“引狼入室”，引入的天敌很可能成为新的入侵种。所以后来国际上出台了规定，引入天敌进行生物防治前，必须进行寄主专一性的安全测试，防止它“误伤”其他物种。

另外，生物防治的时效性比较慢，从天敌释放到获得明显的控制效果一般需要几年甚至更长的时间。因此，对于那些需要在短时间内彻底清除的入侵种，不宜采取生物防治的方法。

刘兵：每种方法各有利弊，在实际操作中，比如前面讲的治理美国白蛾，有时会将几种措施叠加使用。

刘全儒：就是综合治理策略，同时采用几种防治措施。但这并不是各项技术的简单叠加，而是把它们有机融合，既能发挥单一技术的优势，又能弥补各自的不足，彼此相互协调、相互促进。

比如，用生物防治和化学防治对入侵植物进行综合治理，在一些急需除掉有害植物的地方，有选择地使用一定剂量的除草剂，以求在短期内迅速抑制有害植物种群的扩散蔓延，从而加快控制速度。使用除草剂后，再释放一定数量的专食天敌，并使其建立种群，长期自我繁殖，逐渐达到和保持植物与天敌之间的种群动态平衡，取得持续控制的效果。

采用综合治理，有利于发展与维持对入侵种具有抗性的健康群落，使其有充分的生物多样性，能够占据生态系统大多数生态位和大多数资源，并有效抵御外来种的入侵。

刘兵： 也就是说，各个方法的使用是有先后顺序的。

刘全儒： 是的。当刚刚入侵的有害生物在局部发生时，理应使用化学或物理防治方法立即清除。但当入侵种已经建立种群并广为传播蔓延后，其他控制措施往往难以奏效，采取生物防治通常是最佳的策略和方法。

其实还有一种措施——生态防治，入侵生物学上也叫替代控制、生态工程控制，就是在入侵地局部建立有效的生态屏障，达到应对入侵的目的。它是根据植物群落演替的自身规律，利用具有生态和经济价值的植物取代杂草群落，恢复和重建合理的生态系统的结构和功能，并使之具有自我维持的能力和活力，建立起良性演替的生态群落。

植物界的替代种植，以紫茎泽兰为例，靠物理防控很难，因为它的根可以营养繁殖，你不可能在所有分布区掘地三尺把它刨出来。不过它喜阳，而且比较矮小，最高不超过 2 米，有人做过相关研究，遮阴可以抑制它的生长。所以人们引入了非洲狼尾草，可以有效遏制紫茎泽兰的生长，抵御和控制它的入侵。这是比较长效的防治手段，应该成为未来防治的主要手段。

赵亚辉：对，您提的这个生态防治的思路特别重要。前面那几种都是短效的，而生态防治是从整个生态系统的角度去考虑，通过改变入侵种的适生生境，来遏制它的生存繁衍，同时构筑本地生物多样性保护屏障，使生态系统更加健康，防御力更强，凭借自然的力量就能将入侵种拦在门外，我们人为投入就会少一些。

刘兵：目前看来，前几种防治措施都只是局部缓解，所以给人们一种治了也白治的感觉，其实是因为没有动摇其根本。

刘全儒：是的。替代控制的优点是替代植物一旦定殖，便能长期控制入侵植物，不必连年防治。而且替代植物能保持水土，改良土壤，涵养水源，提高环境质量。有的替代植物还有直接经济价值，能在短期内收回栽植成本，长期获益。不足之处是对环境的要求高，许多生境并不适合人工种植植物，比如陡峭的山地、水域等；同时，人工种植本地植物恢复自然生态环境涉及的生态学因素很多，实际操作起来有一定的难度。

利用替代植物控制外来有害植物，应该充分研究本地植物，比如它们与入侵植物的竞争力、化感作用等，掌握繁殖、栽培这些植物的技术要点，并探讨本地植物的经济特性、市场潜力等，以便同时获得经济和生态效益。这方面还有个成功的例子。沈阳农业大学和辽宁省高速公路管理局合作，于 1989 年和 1990 年在沈大和沈桃高速公路两侧建立了 200 公顷的豚草替代控制示范区，所选取的替代植物包括紫穗槐、沙棘等具有经济价值的植物。示范区建成后，三裂叶豚草的生物量由每平方米 30 千克下降到 0.2 千克，而且这些替代植物还在饲料、绿肥、食品、医药等方面带来了巨大的经济效益。

人类有权改造自然吗?

刘兵: 我有个疑问，我们开头讲过，生物入侵领域有一个设定，就是是以人为核心来考量的，以人的所为和所得来定义和衡量入侵种的危害。哲学里有个争论，即人类中心主义和非人类中心主义。以人为核心是典型的人类中心主义观点。而非人类中心主义认为只从人类角度考虑未免狭隘，那些非人类系统也有它自身的价值和目标。比如荒漠、荒野，与人类关系不大，对人类没什么意义，所以人类中心主义倡导改造它们；而非人类中心主义认为在更大的生态系统里，荒野有其自身的存在价值，人类也只是生态系统里的一部分，只以人为出发点来考虑未免有些不公，可能会导致一些问题。这一点您二位怎么看?

赵亚辉: 我觉得这两个是统一的，只是探讨的层次不同。荒野的价值中的“价值”本身就是针对人类来说的。其实都是在考虑人，具体到荒野，留与存都是从人的角度考虑的。

人类是自然界有史以来对自然环境改变最剧烈的一种生物，但无论怎么改变，人类也还是一种生物，像您说的，是自然界的一部分，所以我们抗争入侵种，就像恐龙吃草、老虎吃肉一样，只是影响程度不同。如果从整个宇宙的进化层面来说，其实是微不足道的。

刘全儒：我也认为，只要提到价值，都还是从人的角度出发的。如果抛开人，就无法认识这个世界，我们跟猫猫狗狗看到的世界是完全不同的，我们也无法想象世界在它们眼里是什么样的。

刘兵：前面 9 天的时间，我们聊了生物入侵的各种话题，虽然做不到面面俱到，但还是尽力囊括了重点的、有代表性的、与我们生活密切相关的物种与事例。就像我们开头说的，入侵生物学是一门以生态学为基础的跨领域、综合性学科。这 10 天的 10 个主题，基本囊括了生物入侵的核心概念，传达了我们想要告诉大家的生物入侵的基本原理。两位专家分别在植物、动物两个领域深耕数十年，对书中所列举的事例都有扎实的研究数据，在聊的过程中我自己也受益匪浅。我们就先聊到这里吧，谢谢！

附录
全球 100 种最具威胁的入侵种名单 *

中文名	拉丁名	英文名
微生物		
残疟原虫	*Plasmodium relictum*	avian malaria
香蕉束顶病毒	*Babuvirus* sp.	banana bunchy top virus
栗疫病菌	*Cryphonectria parasitica*	chestnut blight
螯虾瘟疫病菌	*Aphanomyces astaci*	crayfish plague
荷兰榆病菌	*Ophiostoma ulmi*	Dutch elm disease
蛙壶菌	*Batrachochytrium dendrobatidis*	frog chytrid fungus
樟疫霉	*Phytophthora cinnamomi*	phytophthora root rot
水生植物		
杉叶蕨藻	*Caulerpa taxifolia*	caulerpa seaweed
大米草	*Spartina anglica*	common cord-grass
裙带菜	*Undaria pinnatifida*	wakame seaweed
凤眼莲(水葫芦)	*Eichhornia crassipes*	water hyacinth
人厌槐叶苹	*Salvinia molesta*	giant salvinia
陆生植物		
火焰树	*Spathodea campanulata*	African tulip tree
黑荆树	*Acacia mearnsii*	black wattle
巴西胡椒木	*Schinus terebinthifolius*	Brazilian pepper tree
白茅	*Imperata cylindrica*	cogon grass
海岸松	*Pinus pinaster*	cluster pine
仙人掌	*Opuntia stricta*	erect pricklypear
火树	*Myrica faya*	fire tree
芦竹	*Arundo donax*	giant reed

* 由世界自然保护联盟（IUCN）于 2001 年公布，2013 年进行了更新。

中文名	拉丁名	英文名
荆豆	*Ulex europaeus*	gorse
风车藤（猿尾藤）	*Hiptage benghalensis*	Hiptage
虎杖	*Reynoutria japonica*	Japanese knotweed
金姜花	*Hedychium gardnerianum*	kahili ginger
恶草（毛野牡丹）	*Clidemia hirta*	Koster's curse
山葛（台湾葛藤）/ 葛麻姆	*Pueraria montana* var. *lobata*	kudzu
马缨丹（五色梅）	*Lantana camara*	lantana
乳浆大戟	*Euphorbia esula*	leafy spurge
白头银合欢	*Leucaena leucocephala*	leucaena
五脉白千层	*Melaleuca quinquenervia*	melaleuca
腺牧豆树	*Prosopis glandulosa*	mesquite
米氏野牡丹	*Miconia calvescens*	Miconia velvet tree
微甘菊	*Mikania micrantha*	mile-a-minute weed
含羞草	*Mimosa pigra*	mimosa
虫蜡树	*Ligustrum robustum*	privet
吸水木（号角树）	*Cecropia peltata*	trumpet tree
千屈菜	*Lythrum salicaria*	purple loosestrife
奎宁树（金鸡那树）	*Cinchona pubescens*	quinine tree
兰屿树杞	*Ardisia elliptica*	shoebutton ardisia
飞机草	*Chromolaena odorata*	Siam weed
草莓番石榴	*Psidium cattleianum*	strawberry guava
红柳（多枝柽柳）	*Tamarix ramosissima*	tamarisk
南美蟛蜞菊	*Sphagneticola trilobata*	wedelia
椭圆悬钩子（黄喜马莓）	*Rubus ellipticus*	yellow Himalayan raspberry
水生无脊椎动物		
中华绒螯蟹	*Eriocheir sinensis*	Chinese mitten crab
淡海栉水母（梳状水母）	*Mnemiopsis leidyi*	comb jelly
多刺水甲	*Cercopagis pengoi*	fish hook flea
福寿螺	*Pomacea canaliculata*	golden apple snail
青蟹	*Carcinus maenas*	green crab

中文名	拉丁名	英文名
黑龙江河蓝蛤	*Potamocorbula amurensis*	marine clam
地中海贻贝	*Mytilus galloprovincialis*	Mediterranean mussel
多棘海盘车	*Asterias amurensis*	Northern Pacific seastar
斑马贝	*Dreissena polymorpha*	zebra mussel
陆生无脊椎动物		
阿根廷蚁	*Linepithema humile*	Argentine ant
光肩星天牛	*Anoplophora glabripennis*	Asian longhorned beetle
白纹伊蚊	*Aedes albopictus*	Asian tiger mosquito
大头蚁	*Pheidole megacephala*	big-headed ant
四斑按蚊	*Anopheles quadrimaculatus*	common malaria mosquito
普通黄胡蜂	*Vespula vulgaris*	common wasp
长角/细足/长足捷蚁	*Anoplolepis gracilipes*	crazy ant
大果柏大蚜	*Cinara cupressi*	cypress aphid
新几内亚扁虫	*Platydemus manokwari*	flatworm
家白蚁	*Coptotermes formosanus*	Formosan subterranean termite
褐云玛瑙螺	*Achatina fulica*	giant African snail
舞毒蛾	*Lymantria dispar*	gypsy moth
谷斑皮蠹	*Trogoderma granarium*	khapra beetle
小火蚁	*Wasmannia auropunctata*	little fire ant
红火蚁	*Solenopsis invicta*	red imported fire ant
玫瑰蜗牛	*Euglandina rosea*	rosy wolf snail
烟粉虱	*Bemisia tabaci*	sweet potato whitefly
两栖动物		
牛蛙	*Rana catesbeiana*	bullfrog
海蟾蜍	*Rhinella marina*	cane toad
金线雨蛙	*Eleutherodactylus coqui*	Caribbean tree frog
鱼类		
褐鳟	*Salmo trutta*	brown trout
鲤	*Cyprinus carpio*	common carp

中文名	拉丁名	英文名
大口黑鲈	*Micropterus salmoides*	large-mouth bass
莫桑比克罗非鱼	*Oreochromis mossambicus*	Mozambique tilapia
尼罗尖吻鲈	*Lates niloticus*	Nile perch
虹鳟	*Oncorhynchus mykiss*	rainbow trout
蟾胡子鲶	*Clarias batrachus*	walking catfish
食蚊鱼（大肚鱼）	*Gambusia affinis*	Western mosquito fish
鸟类		
家八哥	*Acridotheres tristis*	Indian myna bird
黑喉红臀鹎	*Pycnonotus cafer*	red-vented bulbul
紫翅椋鸟	*Sturnus vulgaris*	starling
爬行动物		
棕树蛇	*Boiga irregularis*	brown tree snake
巴西龟（红耳龟）	*Trachemys scripta elegans*	red-eared slider
哺乳动物		
狐袋鼦（刷尾负鼠）	*Trichosurus vulpecula*	brushtail possum
家猫	*Felis catus*	domestic cat
山羊	*Capra hircus*	goat
北美松鼠（灰松鼠）	*Sciurus carolinensis*	grey squirrel
食蟹猴（长尾猕猴）	*Macaca fascicularis*	macaque monkey
小家鼠	*Mus musculus*	mouse
河狸鼠	*Myocastor coypus*	nutria
野猪	*Sus scrofa*	pig
穴兔（西班牙野兔）	*Oryctolagus cuniculus*	rabbit
马鹿（赤鹿）	*Cervus elaphus*	red deer
赤狐	*Vulpes vulpes*	red fox
玄鼠（黑家鼠）	*Rattus rattus*	ship rat
红颊獴	*Herpestes javanicus*	small Indian mongoose
白鼬	*Mustela erminea*	stoat